潮流时装
设计与制作系列

男童装
设计与制作

常元 芮滔 主编

化学工业出版社

·北京·

图书在版编目（CIP）数据

男童装设计与制作/常元，芮滔主编．—北京：化学
工业出版社，2017.3
（潮流时装设计与制作系列）
ISBN 978-7-122-28968-1

Ⅰ．①男…　Ⅱ．①常…②芮…　Ⅲ．①男性-童服-
服装设计②男性-童服-服装缝制　Ⅳ．①TS941.716

中国版本图书馆CIP数据核字（2017）第018788号

责任编辑：邵桂林　　　　　　　　　　文字编辑：谢蓉蓉
责任校对：王　静　　　　　　　　　　装帧设计：刘丽华

出版发行：化学工业出版社（北京市东城区青年湖南街13号　邮政编码100011）
印　　装：北京新华印刷有限公司
787mm×1092mm　1/16　印张12¾　字数353千字　2017年5月北京第1版第1次印刷

购书咨询：010-64518888（传真：010-64519686）　　售后服务：010-64518899
网　　址：http://www.cip.com.cn
凡购买本书，如有缺损质量问题，本社销售中心负责调换。

前言

随着人们生活水平的日益提高，童装的需求急剧增大，近几年来童装的消费层次也在逐年提高，因而对设计、样板、制作工艺方面不断提出新的要求。

本书着重介绍男童装设计的特点和思维方法、表现形式以及各类童装的纸样、制作方法等。分别从男童装市场分析入手，对男童的体型特征，童装的造型、款式、面料、色彩、装饰、风格、图案等多种形式构成要素给予了全面阐述，对童装设计中款式分类制作程序、步骤与表现方法作了详细图解。

本书从理论与实践的角度出发，力求集理论性、艺术性、知识性于一体，深入浅出，将设计理论与表现技法运用于成衣效果，具有很强的实用性和观赏性。适合高等院校服装专业师生、相关企业技术人员以及服装爱好者使用。

本书使用的针织童装生产工艺单均来自于鞍山顺丰服装有限公司，他们为本书提供了相关的一手资料，丰富了本书的内容结构。在此对参编的企业技术人员商明、侯绪凤、王健等人给予的帮助表示真挚的感谢。

由于笔者水平有限，本书尚有很多不足之处，恳请各位专家和读者指正。

编　者

2017年3月

目录

目录

绪 论

一、童装的发展历史

童装的发展，在很长的一段时期里都是时代背景的真实写照。从很多文艺复兴时期和美国殖民地肖像画可以看出，儿童的服装是当时成人服装的缩版，没有形成独立的分支。直到17世纪，有了专门面向儿童的服装、固定年限的教育和娱乐，这种习惯才被打破。在服装史上，童装设计理念的确定是在18世纪末的欧洲，并逐渐发展、壮大，成为服装分类中不可或缺的一部分。

1.西方童装发展历史

古希腊文明被誉为西方文明的发源地，它悠久的历史、灿烂的文化是影响和推动欧洲社会发展的重要精神支柱。古希腊的服饰和文化对欧洲传统服饰和近代服饰风格的形成起到了不可磨灭的促进作用，给人一种清新、自然、均衡、高贵的美感。古希腊最有代表性的服饰有两种：希马纯（Himation）和希顿（Chiton）。其中希马纯是男女都可穿用的披风；希顿是一种男女通穿的长袍，即用一整块长方形布料进行对折后将人体包裹其中，在身体的两侧缝合起来，肩头用针别起或者缝合，腰部用带子束住。在天气热的时候孩子通常什么都不穿或者只穿尿布，天气冷的时候大人用毛毯裹住孩子取暖，大一些的孩子用一块布围住腰部至臀部，像短裤一样，再大些的孩子像大人一样穿希顿。

古罗马的服装总体和希腊类似，外观具有悬垂效果和设计，但以缝制为主，而且两边都是封闭的。孩子们也穿与大人日常所穿相同的一种长袍，长及膝盖，分别叫作托加（Toga）和丘尼卡（Tunic），多以棉麻或者羊毛制成。未成年的男孩长袍上有深红色的镶边，满16岁的男孩要穿上纯白色的长袍。

中世纪的欧洲人没有童年的概念，孩子很早就进入大人的社会角色。这反映了当时的社会状况，经济落后、生产力低下、科学不发达。婴儿的出生无法控制，家庭的负担较重，社会普遍采用粗暴的养育方式，很多孩子很早就进入社会承担家庭义务，不少穷人家的孩子刚满5岁就要当童工贴补家计。婴儿出生时被紧紧地包裹在襁褓里固定肢体，刚会走路穿的衣服与大人一模一样，没有考虑孩子的生长和发育而单独制作出童装。

到了18世纪，时装的发展迅速崛起，但是童装的地位依然没有改变。从很多文献资料可以看出，当时孩子的穿着款式与大人完全相同。小女孩穿着精美的丝质裙子，裙子用裙撑和衬裙高高撑起，而且未发育的女童也要穿禁锢人体的胸衣，男孩子穿着低领衫、制服和马裤，如图0-1和图0-2所示。

在18世纪末期和19世纪早期，开始出现了真正的童装。这是多年来哲学家和教育家对儿童教育深入研究后的结果，儿童的权利开始得到承认和尊重。这个时期的童装不与成人的任何服装相似，旨在为儿童提供舒适和方便。如男孩的骷髅服（skeleton suit）和女孩的高腰无袖紧身胸衣裙子，这两个款式对后来的成人装款式产生了重要的影响。在1820年左右，成人时装款式又席卷童装。维多利亚风格的裙撑、多层衬裙和臀垫应用于女童裙设计，男童也穿上了胸衣。大一些的少年穿短上衣、短裤、长裤和其他样式的军队风格的制服。孩子们穿着精致的衣服，戴帽子，穿高跟窄鞋，衣服面料厚重、暗沉，成人痕迹明显，这种状况一直持续到19世纪后期。

20世纪初期，开始有知名的设计师专门进行童装领域的开发。直到第一次世界大战之后，童装开始进行商业生产和销售。生产厂家开始将童装的尺码标准化的时候，童装又向前迈进了一大步。起初童装的尺码很简单，伴随着很多种类和细分的出现，发展成分类齐全的号型系列。20世纪50年代电视进入美国家庭，很快广告商便发现儿童是最大的电视观众群，也成为广告直接面对的目标，因为孩子们喜欢看电视也喜欢看广告。适合不同年龄的电视节目可以帮助每个年龄段的观众了解流行的服装款式。另外，广播、杂志和报纸也是童装广告的重要

图0-1　中世纪的妇女与儿童　　　图0-2　中世纪欧洲成衣化的女童服装

表现形式。

如今童装在全方位发展的同时，出现了复古现象，开始重复19世纪以前的成人化童装，且更富多元化，表现力也更强。

2.我国童装发展概况

受传统习惯和儒家文化的影响，我国传统的童装与西洋童装相比大多宽松、肥大，更注重实用性、舒适性和保暖性，如图0-3所示。不同阶层、不同经济状况的家庭，孩子们的穿戴差别很大。贫寒人家很少给孩子添置新衣，往往是将大人穿破的衣服改小，先给老大穿，然后一直传给老小，有时甚至不分男女。有的家庭的老小一直到长大都没有穿过新衣服，衣服穿破了就打补丁，到后来根本看不出衣服的本来面目。物质的极度匮乏使人们对服装只求遮羞保暖，没有过多的要求，甚至有的家庭全家都难以凑齐一套能接待客人的衣服。服装的面料选择余地也不大，一般使用自制的粗布，染成蓝、黑等色。富足的家庭，孩子不会衣不蔽体，但日常穿着也很简单，只是面料略好一些，通常上身穿褂或者衫，下身穿裤或者裙；只有逢年过节或者比较特殊的日子，才会给小孩做新衣，款式也完全雷同于成人，如图0-4所示。

我国早期儿童服装与西方儿童服装相比，极少使用褶皱、缎带以及其他装饰。但是在流传下来的一些儿童服饰用品中，很多传统的工艺形式都发挥得淋漓尽致。比如为保护幼儿肚子不受凉的肚兜，一直到今天仍在沿用，并赋予更多的时尚和个性元素。虎头鞋、虎头帽、长命锁、百衲衣、各种神灵的护生耳枕和布玩偶，都是民间妇女对新生儿健康成长的美好祈愿，构成了围绕生命生殖繁衍主题的配套形式。这些配饰的制作中巧妙地应用了编结、刺绣、蜡染、拼缝、贴补、立体填充、彩绘、挖补等工艺技法，一直沿用至今。

民国初年，西洋服装对我国传统服装的冲击和影响很大，出现了以废除传统服饰为中心内容的服饰改革，如图0-5所示。男子服装出现了从长袍马褂向中山装和西装逐步过渡的趋向，女子服饰变得日益丰富多彩，服装出现多元化发展趋势。那一时期，中西林立，文化杂陈，既有穿传统袄裤的儿童，也有穿洋式制服、短裤或者裙子的儿童，如图0-6所示。

图0-3　清末的儿童服装

图0-4　20世纪初我国儿童服饰

图0-5　清末民初的教会儿童服饰

图0-6　身着西化童装的儿童

二、童装行业发展现状

（一）我国童装市场分析

我国拥有庞大的童装消费市场，这个市场具有广泛地开发空间。目前我国有4.5万家服装生产企业，但是具有自主品牌的童装专门生产企业还不到200家，大约只占了0.44%；童装年产量在46亿件左右，占全国服装总产量的6%左右。在未来的几年里，随着一系列新人口政策的出台，儿童人口数量将急速攀升，每年平均新增婴儿2000多万，庞大的童装消费市场正在形成，即将带来巨大的发展前景和利润空间。

由于儿童自身生长迅速，每年都会对服装产生刚性的消费需求，所以近年来国内城镇居民对各式儿童服饰的消费量一直呈上升趋势，年增长率为26.5%。现在已有越来越多的服装品牌，开始尝试将触角延伸至童装业。对当今环境低迷、竞争日趋白热化的服装行业来说，童装可能成为大批服装企业角逐的核心领域。童装市场将是我国最有增长潜力的市场之一，而且作为朝阳企业，受经济危机和经济低谷的影响极小。

（二）我国童装市场现状

1. 童装时装化、成人化、个性化特征突出

童装消费市场越来越追求时装化、成人化和个性化。时装化主要体现在面料和款式上，面料和辅料越来越强调天然、环保，针对儿童皮肤和身体特点，多采用纯棉、天然彩棉、毛、皮毛一体等绿色面料，款式上则追求时尚，亮片、刺绣、喇叭形裤腿、荷叶边等流行元素在童装设计上均有所体现。成人化体现在纯色、深色服装有所增多，款式追随成人服装的流行趋势，或时尚成熟或简洁大方，体现"贵族式休闲"。个性化更要充分体现设计要素，不但在色彩方面有所突破，还要在款式设计上创新，充分利用时尚元素，注重细节设计，既要表现儿童活泼可爱、无拘无束、充满随意的自我个性，又要满足孩子们希望表现自我、张扬自我的心理需求。

2. 大童服装断档严重

从市场构成来看，市场上以幼童1～3岁、小童4～6岁品类居多，婴儿服及中、大童服装偏少，尤其是大童更是断档严重。几乎所有的童装专柜都没有真正适合13～16岁孩子穿的服装。一般大童服装的款式、设计、颜色与小童服装没有区别，部分大童服装在款式和面料上又过于接近成人，很难符合中学生这一年龄段孩子的生理特征和审美需求。

3. 中高档童装品牌仍是大型零售企业销售重心

最新的大型零售企业品牌监测数据表明，中高档品牌仍是城市中大型零售企业童装销售的重心。童装市场由于受到消费需求的变化影响，童装已步入品牌竞争和服务竞争时代。特别是我国"入世"后，随着资源配置全标化的发展，国外童装品牌纷纷入市，促进了童装市场品牌丰富度的提高和款式推陈出新速度的加快，也带来了新的竞争格局，并呈现出品牌之间竞争、新产品开发竞争、价格竞争和服务竞争更趋激烈的态势。

4. 童装设计水平比较低，品牌缺乏竞争力

目前我国专职童装设计师数量非常有限，很多设计师主要以成人服装设计为主，对于童装只投入极少的精力。童装市场成功的关键在于设计和市场营销能力。而目前我国童装设计主要停留在对国外同类产品色彩、款式的模仿层面，由于设计理念陈旧、品牌文化缺失、市场定位偏差等，已经严重制约了许多新生品牌市场经营和发展。

三、我国童装未来发展方向

1. 童装的时尚设计要求越来越高

虽然目前童装市场的主流产品仍以休闲和运动为主，但是随着社会和经济的发展，孩子们的自主意识逐渐增强，在购买服装上的话语权越来越多，时尚类童装市场空间将会越来越大。相对于过去以保暖、舒适等传统实用功能为要求，现在的儿童服装有了更高的设计和时尚元素的要求。好的童装设计不但应该考虑不同年龄段儿童的生理和心理特点，能够把面料、色彩、装饰等设计要素与时尚趋势紧密结合，更应该具有很强的实用性和观赏性，这样才能为对着装风格要求越来越具体的儿童及他们的家长所接受。

2. 重在加强品牌内涵建设

从目前我国童装业面临的问题可以看出，我国的童装业最缺乏的是品牌建设的意识。童装的品牌消费将成为主流，尤其是知名度较高或市场较成熟的品牌，已成为孩子和家长首选的目标。与进口品牌相比，我国的童装品牌普遍缺乏竞争力。在服装行业的大时代背景下，童装企业需要确立自身的品牌形象及产品市场定位，然后根据自身品牌定位仔细地进行市场调研，把握流行趋势，了解消费需求，设计出融入流行元素、符合需求、体现品牌文化的特色产品，以品牌建设、发展为主要目标，这样才能保证服装企业的长足发展，顺应童装潮流的品牌化市场发展趋势。

3. 童装的健康、卫生要求更高

安全是童装的第一要素，超过65%的受调查者都非常关心童装的健康和卫生问题，因此把童装面料的安全性作为首选。当前国内童装的安全合格率、环保要求与发达国家尚有一定差距，比如许多色彩丰富的童装面料中含有不少对皮肤有刺激性的化学原料。因此厂家在进行童装面料的选择时要将安全性问题放在首位，以促进婴幼儿的健康快乐成长，更好地保护消费者的权益。

4. 产品结构更趋向合理

面对激烈的市场竞争，童装企业要想从中找到立足之地，就必须对市场进行充分的调研，找准自身的市场定位，了解细分市场的详细情况，实行差异化的营销手段，运用灵活的竞争策略。例如，市场上缺乏大童装，那么企业就应以此细分市场为发展目标；童装的国标号型相对滞后，需要服装企业、行业投入大量的工作，制定合适的细分市场号型的企业标准和童装外部环境，这样才能保证童装市场的健康、有效发展。

5. 更注重开发舒适性能

在倡导绿色消费的今天，人们对于童装的舒适性能格外关注。由于儿童的生理特点和个性发展，他们的服装不仅要遮体御寒，更要保护身体，免受外界伤害，并有利于个性发展。在服装材料上，童装宜选用吸湿性强、透气性好、对皮肤刺激小的天然纤维。兼顾儿童活泼好动的特点，天然纤维中又宜选用棉纤维，它不仅穿用性能好，且柔软结实，价格低廉，适合水洗，还有一定的延伸性，可满足人体运动的多方面、多角度和大弯曲性要求。延伸性能良好的针织物，又优于机织物，它的弹性保证了服装自由地依顺人体运动，不会束缚身体，影响儿童的发育。另外，在童装的款式设计中，还要考虑服装是否有足够的松量、是否影响其内脏器官的发育、是否束缚儿童活动。因此在设计童装时，不仅要考虑到款式的美观，更要兼顾儿童生长发育的不同阶段和特点。

6. 消费需求向个性化、理智化方向发展

现在，很多消费者偏重童装的个性和洋气。往往通过比较成熟、凝重的颜色，以及图案和装饰，整体搭配显示童装的活泼大方和帅气十足。一件衣服是否好看，要看配什么样的裤子和鞋子，外套要与衬衣、围巾和谐，因此童装购买中的理智消费现象越来越突出。

7. 童装生态化发展

在崇尚自然、保护环境的当代社会，生态童装必将成为21世纪童装发展的主流。生态童装要求从原料到成品的整个生产加工链中不能存在对儿童和动植物产生危害的污染；不能含有对儿童产生危害的物质；不能含有穿着使用过程中可能分解而产生对儿童健康有害的中间体物质；童装使用后处理不得对环境造成污染；童装经过检测、认证并加饰有相应的标志。一些发达国家，特别是美国、荷兰、法国等世界纺织品服装进口大国，均出台了禁止生产和销售含有有害物质纺织品服装的规定，对纺织品服装的生产和进口提出越来越高的要求。据报道，目前国际上已经开发上市的生态服装具有防臭、除菌、消炎、抗紫外线、防辐射、消痒、阻热、促进微循环等多种功能，尽管有些产品尚处初创阶段，但生态服装的消费终将成为市场的消费主流。

第一章

童装基础知识

第一节　儿童的体型特征与身体测量

一、儿童的生理特征与体型特点

我们按照儿童不同时期的生理、心理特点，将其分为婴儿期、幼儿期和童年期（小童、中童和大童等不同时期），如图1-1所示。

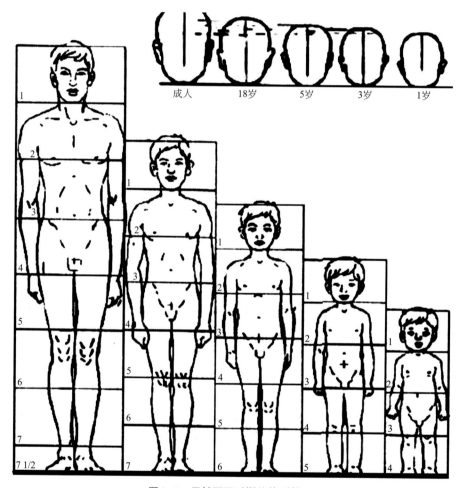

图1-1　男性不同时期的体型特征

（一）婴儿期（0~1岁）

1.婴儿期生长特征

通常指出生29天后至不满1周岁的这一时期。婴儿的主要活动就是吃和睡，也是一生中身体的成长速度最快的时期。0~3个月的婴儿被称为新生儿，这个时期婴儿的头大、脸小，脖子短，肩圆短小，胸腹突出，背部较平，虾米腿。2~3个月后婴儿身高可以增长10cm，体重成倍增加。4~6个月的婴儿清醒的时间增多，活动量加大，体型特征主要表现为头大身小，骨骼柔软，无腰，头颅占身长的4/8；躯干占身长的3/8，双腿短小，占全身长的1/8，身高是3.5～4个头高，处在体态变化较大的时期。婴儿睡眠多，发汗多，溢奶频率较高，排泄次数较多，皮肤特别娇嫩，属于不具备自理能力和自我保护能力的特殊群体。刚出生的婴儿一天大多数时间处于睡眠中，随着月份的增加，对外界的感知能力逐渐增强，表现出对周围事物的极大兴趣。到6～8个月，婴儿有了记忆力和观察力，开始探究周围的世界，能听懂一些话语，指认物品和人、动物，对父母特别依恋。9个月至1岁时，各种情绪、情感陆续得到发展，逐渐学会了翻、坐、爬、扶着行走、独立行走等动作技能，如图1-2所示。

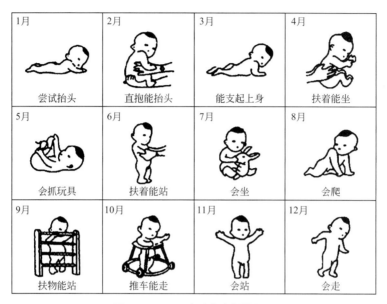

图1-2　0～1岁儿童生长特征图

2.婴儿期对服饰的要求

这一时期童装的设计和制作要便于穿脱，以简洁实用为主，袖子宽大，无明显性别差异。纯棉的面料是婴儿贴身服装的首选；内衣的色彩尽可能选择白色或浅色，以便及时对粪便等进行清理；外衣宽松舒适，保温性比较好，利于婴儿活动。此外，要留意内衣缝制的线迹不能有断线或线头，以防弄伤婴儿娇嫩的皮肤。为了避免意外的发生，尽量不使用硬质纽扣，衣服多采用绑带进行固定。

（二）幼儿期（1～3岁）

1.幼儿期生长特征

月龄在13～36个月的时期被称为幼儿期。这个时期幼儿生长速度较婴儿期缓慢，但身高和体重变化仍然很大。这个时期的主要特点是头大，一般1周岁儿童的头围较出生时增加140%，腹部变大，脖子短，身体挺且向后倾。身高比例4～4.5个头高。儿童学会了走路、说话，更加好动并乐于模仿，对自己感兴趣的事情能集中注意力，但生活自制力较差。从生理角度来看，幼儿好动、出汗多、皮肤娇嫩，能控制大小便，语言、行动与表达能力开始显现。

2.幼儿期对服饰的要求

这一时期服装的特点是易于穿脱，开口和扣合物位置适当，安全系数高；服装款式宽松，充分符合幼儿活泼好动的特点，切忌夸张，避免钩挂和牵扯；具备大小适当、实用性较强的口袋。服装性别差异不明显，具有一定的审美启蒙性，并能保护身体，调节体温，保持穿着舒适性。

（三）小童期（4～6岁）

1.小童期生长特征

儿童的头颅发育早于躯干，躯干则早于四肢，臀围、腰围、胸围三者尺寸基本相等。从2～6岁开始，下肢增长加快，肩部发育，大大超过了头颅身躯的发育；到6岁时，身体发育的比例较为匀称。童年期正是青春发育的初级阶段，也是儿童发育的最后阶段。

此时期幼儿的特点是生长发育变慢，身高比例大约是5个头高。动作及语言能力逐步提高，能跳跃、爬楼梯、唱歌、画图、识字等，显现出好奇、多问的性格特点，并能逐步确立自我，表现出自己的性格特点，做事积极性提高，能力增加，并有了很高的知识接受能力和理解力。

2.小童期对服饰的要求

这一时期的儿童体型各异，在审美上有了各自的见解。要求服装款式宽松，美观实用，避免过度夸张；男女服饰特点主要以色彩、图案和工艺进行区分。

（四）中童期（7～12岁）

1.中童期生长特征

中童是指7～12岁的儿童。这个时期儿童身高显著增加，体型渐趋稳定，凸肚特征逐渐消失，腰身外露，身材发育匀称。同时脑的形态结构基本完成，智能发育进展较快，具备一定的生活自理能力和自我保护能力。这一时期身高比例是6～6.5个头高，男女童体型已有差异，出现儿童青春期初期待征，主要表现为体格形态的发育突增现象。青春期开始的发育程度以及成熟年龄的发育程度有很大的个体差异、种族差异，就是在同性别、同种族、环境相似的情况下，儿童的发育也有所不同。

2.中童期对服饰的要求

这一时期儿童逐渐摆脱了幼儿特征，性格上趋于稳定和成熟，有了一定的想象力和判断力，但并未形成个人的独立意识。活动能力较强，智力开始从具体形象思维过渡到逻辑思维，因此要设计一些富有知识性和幻想性的服饰图案，造型特点比较自由，适合宽松或半紧身造型。

（五）大童期（12～16岁）

1.大童期生长特征

大童是指12～16岁的儿童。这一时期是少年儿童生理、智力、心理全面发展的阶段，人体发育形成正常规律，男女童体型有了明显的差异。女童的三围尺寸明显，男童肩部发达，肌肉明显。身体比例逐渐接近于成人，儿童进入第二个生长高峰期。身高的增长存在着很大的个体差异。儿童生理发育的年龄，女孩一般在8～13岁，极少数正常女孩可能推迟到16岁才开始。女童在这一阶段胸部发育很快，但身高的增长由每年的5cm减为1cm，胸围每年增长约3cm，腰围每年增长1cm，手臂每年增长2cm，上裆长每年增长约0.6cm。男孩从睾丸增大开始计算第二性征出现的年龄，一般在9～14岁，大多数为12岁左右，少数可能推迟到16～18岁才开始。男童身高每年增长约5cm，胸围每年增长约3cm，腰围每年增长2cm，手臂每年增长2cm，上裆长每年增长约0.4cm，骨化过程如果已基本完成，肌肉力量明显增大，具有更为持久的耐力和力量。

2.大童期对服饰的要求

这一时期的少年生理变化显著，心理发展比较矛盾，情绪容易波动起伏，喜欢表现自我，容易接受文化影响。服装造型追求自由多变，突破了体型的限制，类似于青年装、成人装。男女生爱好明显不同，服装类型以校服、休闲服装为主。

二、儿童生长发育的比例关系

不同时期的儿童，生长发育方面具有不同的特点，如图1-3和图1-4所示。

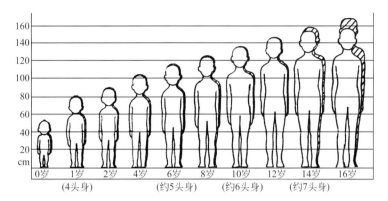

图1-3 不同时期儿童体型特征（正面图）

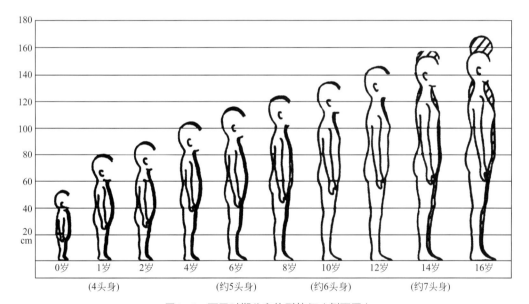

图1-4 不同时期儿童体型特征（侧面图）

儿童体型特征主要表现为以下几部分。

（1）下肢与身长的比例关系。越年幼的儿童腿越短，1～2岁的儿童下肢大约是身长的32%。

（2）大腿与小腿的比例关系。婴儿期大腿很短，随着成长逐渐增长，下肢与身长的比例逐渐接近1:2，其中大腿的增长最为明显。比如1岁婴儿的腿内侧尺寸只有10cm，到3周岁时约为15cm，8周岁时约为25cm，10周岁时约为30cm，其增长率比身体其他部位要高。

（3）儿童头身比例关系。由图1-5和图1-6中可以看出，婴儿期体型头身比例为1:4，头在整个身体中所占的比例较大，胸围、腰围、臀围尺寸几乎没有变化。幼儿期体型特征为头大、颈短、腹部向前突出，头身比例大约为1:5。学龄期儿童头身比例为（1:6）～（1:6.5），男女童的体型差别开始出现，胸围、腰围尺寸变化较大。中学生时期，女孩的生长发育有所减慢，三围差别明显，变成脂肪型体型；男孩身高、体重、胸围的发育均超过女孩，肩宽、骨骼和

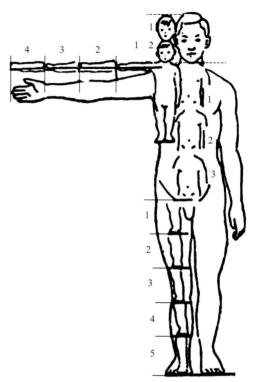

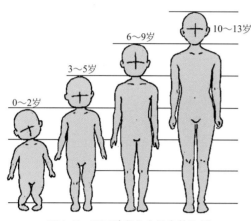

图1-5　不同阶段儿童的身体比例　　　　　图1-6　不同年龄阶段男性的身体比例变化

肌肉都迅速发育而变成肌肉型体型。少年期头身比例为（1：7）～（1：7.5），比较匀称，接近成人体型。

（4）8岁前的男女儿童。没有体型上的差异，几乎完全相同。

（5）童体的侧面结构。童体相对于中轴线，腹部向前突出，类似于成人的凸肚体，成人后背较平，儿童腰部脐后背部最为凹陷，因此形成向前弯曲的弧形结构。

（6）颈长。婴儿的颈长只有身长的2%左右，1～2岁时达到3.5%，5岁时达到4.8%。

（7）腿部的脂肪。受腹部前倾影响，前面比后面沉积更多的皮下脂肪。另外，腹部也容易沉积皮下脂肪形成垂腹型。

（8）腿型。成人两腿并齐脚跟站立时，可以保持很久。而6岁以下的儿童，特别是3周岁以下的儿童，小腿从膝关节以下向外弯曲，因此很难做出并脚站立的站位姿势。

三、儿童的身体测量

（一）儿童身体测量的意义

儿童身体测量是测量与童体有关的围度、长度和宽度。量体后所得的数据和尺寸，既可作为童装结构设计的重要依据，又可表示儿童身体各部位的体型特征，因此是设计、选择童装的依据。

为了制作和选择美观舒适的童装，需要有准确的量体尺寸。孩子正处于快速成长期，因此制作的衣服不应过分合体，应当留出适当的宽松度。因此要想测出正确的尺寸，一定要依据衣服的式样而给予适当的围度放松量和长度的调节。由于儿童体型特征和好动性，在测量时具有一定的难度，方法与成人测量也有所不同。只有进行准确的童体测量，掌握儿童身体各部位的结构特征以及准确数值，才能进行款式分析和结构制图，设计制作出适合儿童体型特征和心理特点，美观大方的童装。儿童身体测量是制定童装号型规格系列的基础。童装号型系列的制定是通过人体普查方式，经过大量的童体测量数据归纳整理后，进行科学的数据分析和研究，形成正确的童装号型标准。对于儿童消费群体而言，童体测量的数据不仅是童装技术生产数据的来源，还影响着童装消费的潮流与趋势。最直观的反映是儿童着童装后是否合体，能否符合消费者的审美和流行因素，因此在童体测量基础上所形成的童装就成为消费市场检验的重要标准。

由此可以看出，儿童身体测量是童装结构设计、技术生产和消费市场这一完整产业形式中十分重要的基础性工作。测量中必须掌握相关的注意事项，使用相应的测量工具和设备，以保证测量的准确性。

（二）儿童身体测量的部位与方法

① 胸围。在胸部最高的位置，垫进两指水平环绕一周测量。

② 腰围。在用细带子束好的位置，垫进两指水平环绕一周测量。

③ 臀围。在臀部最丰满的部位，过臀高点，垫进两指水平环绕一周测量。

④ 头围。头部经眉骨和脑后枕骨垫进两指环绕一周进行测量。

⑤ 背长。自颈围后中心点（第七颈椎附近）量至腰围线。

⑥ 肩宽。左右肩端点经过后颈点所形成的围长。

⑦ 颈围。围绕脖子根部环绕一周进行测量。

⑧ 臂根围。从腋下经肩端点与前后腋点环绕手臂根部一周测量。

⑨ 腕围。经过腕凸点环绕手腕一周测量。

⑩ 背长。从后颈点随背形量至腰围线的长度，测量时适当考虑肩胛骨凸起的放松量。

⑪ 衣长。自颈围后中心点，经腰围线量至所需要的长度。衣长一般根据孩子的年龄、穿着的季节及衣服的式样而决定。年龄小的时候穿短些的服装效果比较理想，稍大的孩子依据气质而确定衣服长度，其中也要考虑流行的因素。

⑫ 臂长。将手臂自然下垂，自肩端点经肘点量至手腕凸点的长度。

⑬ 裤长。自侧面腰围线量至外踝点，依据式样的流行变化可上下移动。

⑭ 立裆深。以端正的姿势坐在平面硬的椅子上，在侧面自腰围线从上向下量至椅子平面的长度。

⑮ 裙长。自侧面腰围线量至所需要的长度。

（三）儿童身体测量的注意事项

① 儿童需要仰卧、自然站立或者端坐，双臂自然下垂，对较小婴儿身体测量多采用仰卧方法。

② 测量时注意动作轻柔以免弄伤儿童，测量顺序一般按照从前到后、从左到右、自上而下的顺序依次进行，以免漏项。

③ 由于儿童多动的特点，对于较小儿童的尺寸测量，一般以主要尺寸为主，如身高、胸围、腰围、臀围等。其他部位的尺寸可以通过比例推算产生。

④ 用软尺测量时要保持一定的松度。通常儿童测量时身着内衣，测量长度方面的尺寸要保持垂直，测量围度方面的尺寸时软尺应与人体表面的起伏保持水平，松紧以平贴能转动为原则。

⑤ 测量的基准点与基准线要准确。如测量袖长时应通过肩端点、肘点和腕凸点。儿童的腰线不明显，可以以肘点位置作为目标位置进行测量。

⑥ 对特殊儿童体型应加测特殊部位数据，并做好记录，做出调整。

（四）儿童身高与年龄对应关系（表1-1）

表1-1　年龄与身高的对应关系表（参考）　　　　　单位：cm

年龄	女童身高	男童身高
出生	47.7 ～ 52.0	48.2 ～ 52.8
1月	51.2 ～ 55.8	52.1 ～ 57.0
2月	54.4 ～ 59.2	55.5 ～ 60.7
3月	57.1 ～ 59.5	58.5 ～ 63.7
4月	59.4 ～ 64.5	61.0 ～ 66.4
5月	61.5 ～ 66.7	63.2 ～ 68.6
6月	63.3 ～ 68.6	65.1 ～ 70.5
8月	66.4 ～ 71.8	68.3 ～ 73.6
10月	69.0 ～ 74.5	71.0 ～ 76.3
12月	71.5 ～ 77.1	73.4 ～ 78.8
15月	74.8 ～ 80.7	76.6 ～ 82.3
18月	77.9 ～ 84.0	79.4 ～ 85.4
21月	80.6 ～ 87.0	81.9 ～ 88.4
2岁	83.3 ～ 89.8	84.6 ～ 91.0
2.5岁	87.9 ～ 94.7	88.9 ～ 95.8
3岁	90.2 ～ 98.1	91.1 ～ 98.7
3.5岁	94.0 ～ 101.8	95.0 ～ 103.1
4岁	97.6 ～ 105.7	98.7 ～ 107.2
4.5岁	100.9 ～ 109.3	102.1 ～ 111.0
5岁	104.0 ～ 112.8	105.3 ～ 114.5
5.5岁	106.9 ～ 116.2	108.4 ～ 117.8
6岁	109.7 ～ 119.6	111.2 ～ 121.0
7岁	115.1 ～ 126.2	116.6 ～ 126.8
8岁	120.4 ～ 132.4	121.6 ～ 132.2
9岁	125.7 ～ 138.7	126.5 ～ 137.8
10岁	131.5 ～ 145.1	131.4 ～ 143.6
11岁	141.3 ～ 159.3	139.6 ～ 159.2
12岁	147.5 ～ 163.4	144.4 ～ 166.4
13岁	151.8 ～ 166.9	152.8 ～ 170.4
14岁	153.5 ～ 168.1	159.8 ～ 174.3
15岁	154.5 ～ 168.7	163.2 ～ 177.5
16岁	155.1 ～ 169.2	165.5 ～ 180.5

第二节　童装结构制图基础知识

一、童装结构制图主要部位代号

见表1-2。

表1-2　童装主要部位的简称及代号

序号	代号	英文	中文	序号	代号	英文	中文
1	B	bust girth	胸围	9	EL	elbow line	肘线
2	W	waist girth	腰围	10	KL	knee line	膝盖线
3	H	hip girth	臀围	11	SL	sleeve line	袖长
4	N	neck girth	领围	12	BP	bust line	胸点
5	BL	bust line	胸围线	13	SNP	neck line	颈肩点
6	WL	waist line	腰围线	14	AH	arm hole	袖隆
7	HL	hip line	臀围线	15	L	length	长度
8	NL	neck line	领围线	16	HS	head size	头围

二、童装结构制图主要部位名称

服装结构制图是传达设计意图、沟通设计、生产、管理部门的技术语言，是组织和指导生产的技术文件之一，是指导标准样板的制定、系列样板缩放的技术性语言。结构制图的规则和符号都有严格的规定，以便保证制图格式的统一和规范。

（一）部位术语

① 门里襟。门襟是左右衣片在前中线处互相搭合的部分，通常门襟锁眼、里襟钉扣。

② 门襟止口。指门襟的边缘，一般有连止口和加过面两种形式。止口上可以缉装饰性明线。

③ 搭门。指门、里襟互相重叠的部分。搭门的宽窄不定，视风格品类而定。

④ 领窝。前后衣身与领片缝合的部位。

⑤ 扣眼。纽扣的眼孔。扣眼形状一般有纵向、横向排列两种。

⑥ 眼距。扣眼间的距离。一般先确定上下两粒扣的位置，再平均分配中间扣位，根据造型也可采取不等距分配。

⑦ 驳头。驳开的领头，是衣身随领子一起向外翻折的部位。一般分为平驳头和戗驳头两种。

⑧ 驳口。是驳口里侧与衣领的翻折部位的总称，是衡量驳领制作质量的重要依据。

⑨ 串口。领面和驳头面的缝合处，一般为倾斜的直线。

⑩ 摆缝。前后衣片侧缝的缝合部分。

⑪ 背缝。后衣片中线处的缝合部分。

⑫ 过肩。连接（前）后衣片并与肩缝缝合的部件。一般用于衬衫、夹克衫和风衣的比较多。

⑬ 上裆。自腰头上口至裤腿分开的部位，是影响裤子造型和舒适量的重要依据。

⑭ 横裆。位于上裆下部的最宽处，大腿根所在的位置，是影响裤子造型的重要因素。

⑮ 中裆。位于膝盖所在的位置，可以根据款式进行适当的变化，是影响裤腿造型的重要部位。

⑯ 下裆。横裆至脚口之间的部位。

（二）部件术语

① 衣身。是指覆盖于人体表面的服装部件，是服装的重要组成部分。

② 衣领。是指围绕于人体颈部，起保护、装饰作用的服装部件。包括领子和与之相关的衣身结构。

③ 衣袖。包裹人体手臂的服装部件。一般指袖子，有时也包括与袖子相连的部分衣身。

④ 口袋。是服装上的功能性设计，可以插手、盛放物品，也起着装饰作用。

⑤ 腰头。是指与裙子、裤子缝合的部件，起束腰和护腰的作用。

第三节　童装号型标准及规格尺寸

一、儿童服装号型系列

自2010年1月1日起，我国儿童服装号型执行GB/T（T表示推荐）1335.3—2009，取代了以前使用多年的GB/T1335.3—1997标准系列。该标准包含了身高52～80cm的婴儿号型系列、80～130cm的儿童号型系列、135～160cm的男童号型系列、136～155cm的女童号型系列。这些号型具有很强的参考使用价值，在使用过程中还要根据具体的款式风格进行不同的设计变化。

（一）号型的定义

① 号是指人体的身高，是设计和选择服装长短的依据。

② 型是指人体的（净）胸围和（净）腰围，是设计和选择服装肥瘦的依据。

（二）号型的表示方法

童装号型标志和成人号型标志的表示方法一致，是用"号/型"的表示方法，只是后面没有Y、A、B、C等体型分类代号。上装的号型是指"身高/胸围"，下装的号型是指"身高/腰围"。例如，上装标志"130/56"，表示该服装适合身高130cm左右、胸围56cm左右的儿童穿着。一般情况下，儿童的头部约占总体高的20%，体高约占总体高的80%。常规下为儿童选择服装时，通常以体高为标准。儿童短裤约等于总体高的30%，儿童衬衫约等于总体高的50%，儿童长裤约等于总体高的75%，儿童夹克衫约等于总体高的49%，儿童西装约等于总体高的53%，儿童长大衣约等于总体高的70%。例如，身高120cm的男童，体高为身高的80%，约96cm，如果选择短裤，裤长为96cm的30%，即约30cm；如果选择衬衫，衣长为96cm的50%，即48cm；如果选择长大衣，衣长为96cm的70%，即67cm。

二、男童服装号型系列控制部位数值及分档数值

（1）身高52～80cm的婴儿号型系列，身高以7cm、胸围以4cm、腰围以3cm为分档数值，分别组成7.4和7.3系列（表1-3）。

表1-3　身高52 ~ 80cm的婴儿号型系列　　　　单位：cm

类别	号	型			
上装	52	胸围	40		
	59		40	44	
	66		40	44	48
	73			44	48
	80				48
下装	52	腰围	41		
	59		41	44	
	66		41	44	47
	73			44	47
	80				47

（2）身高80 ~ 130cm的儿童号型系列，身高以10cm、胸围以4cm、腰围以3cm为分档数值，分别组成10.4和10.3系列（表1-4）。

表1-4　身高80 ~ 130cm的儿童号型系列　　　　单位：cm

类别	号	型				
上装	80	胸围	48			
	90		48	52	56	
	100		48	52	56	
	110			52	56	
	120			52	56	60
	130				56	60	64
下装	80	腰围	47			
	90		47	50		
	100		47	50	53	
	110			50	53	
	120			50	53	56
	130				53	56	59

（3）身高135 ~ 160cm的男童号型系列，身高以5cm、胸围以4cm、腰围以3cm为分档数值，分别组成5.4和5.3系列（表1-5）。

表1-5　身高135 ~ 160cm的男童号型系列　　　　单位：cm

类别	号	型					
上装	135	胸围	60	64	68		
	140		60	64	68		
	145			64	68	72	
	150			64	68	72	
	155				68	72	76
	160					72	76	80

续表

类别	号	型					
下装	135	腰围	54	57	60		
	140		54	57	60		
	145			57	60	63	
	150			57	60	63	
	155				60	63	66
	160					63	66	69

（4）不同身高男童对应的身体数据见表1-6。

表1-6　身高135～160cm的男童控制部位数值及分档数值　　　　单位：cm

项目		135	140	145	150	155	160	分档数值
长度	身高	135	140	145	150	155	160	5
	坐姿颈椎垫高	49	51	53	55	57	59	2
	臂长	44.5	46	47.5	49	50.5	52	1.5
	腰围高	83	86	89	92	95	98	3
围度	胸围	60	64	68	72	76	80	4
	颈围	29.5	30.5	31.5	32.5	33.5	34.5	1
	肩宽	34.6	35.8	37	38.2	39.4	40.6	1.2
	腰围	54	57	60	63	66	69	3
	臀围	64	68.5	73	77.5	82	86.5	4.5

由以上的表格，我们可以得到不同身高男童各部位对应的数值，再结合服装的种类、款式特点，加放一定的松量，就可以制定出相关的成衣规格尺寸。

第四节　童装原型

童装的产生是外观设计、结构设计和工艺设计的综合结果。外观设计反映设计师的主观意图，对作品的策划和表现，包括童装的廓型、色彩、图案、部件造型、装饰配件等，最直接的表现形式是时装画或称效果图。结构设计是对外观设计的深入，通过人体、人体工程学、人体运动对服装造型变化的研究，形成反映服装款式图的纸样、工艺样板或者裁片。工艺设计是将裁片通过生产程序设计、质量标准制定以及现代化管理手段将外观设计由构思转化为现实。儿童时期是人生中体型变化最快的阶段，从出生到少年，体型随年龄的增长而发生急剧的变化，直到接近成人体型。儿童各个时期的体型特点不同，其服装结构设计的方法也有所不同。

一、男童装基本原型

服装原型的诞生，早期是立体裁剪的产物，最早出自于欧美。半个世纪以来，发达国家的样板设计，大多采用服装原型应用技术。原型适用于各种类型的服装，如女装、男装和童装。原型的应用，不但日益广泛、完善，更向着系列化、规范化和标准化的方向发展。这也是当前国际服装潮流发展的必然趋势。日本是东方最早使用和研究服装原型的国家，并且中国人和日本人的体型十分接近，文化式原型在我国应用十分广泛。由于其制图方法简便易学，结构原理浅显易懂，特别适用于省道转移和款式变化复杂的服装。20世纪90年代，我国也出现了各种类型的原型，或多或少地借鉴了文化式原型或欧美原型。很多服装企业针对某些地域，也使用专门的原型；院校也将传统原型经过与中国人体的结合和完善，形成独立的原型应用于教学。原型法是一种应用极为广泛的裁剪方法和教学方法。

二、童装原型纸样简介

所谓原型，是指各种变化之前的基本形式或形态，可以应用于多个领域。服装造型中的原型，是指平面裁剪中所用的基本纸样，即简单的、没有任何款式变化因素的立体型纸样。它具备款式设计简单、入手容易、覆盖人群广、适合人体形态的特点。在使用时，首先绘制出合乎人体体型的基本衣片即"原型"，然后按款式要求，在原型上做加长、放宽、缩短等调整，得到最终的服装结构图。原型一般针对某个特定的体型或者号型应用。童装原型是按照不同时期的童体形态，绘制出符合人体腰节线以上部位曲面特征的基本衣片（母版），然后根据款式造型的变化，以基本原型为基础进行变化和调整，从而得到所需要的服装裁剪样板。原型应用使服装结构设计活动更易于操作。如一个儿童从2～12岁成长过程中经历了不同的阶段，可以将这些阶段归纳为不同的童装原型，通过纸样放缩、变化，得到不同时期、不同款式的服装（表1-7）。

表1-7　儿童成长4个阶段号型的制图规格　　　　　　　　　　　单位：cm

号码	号型	适用范围	胸围	腰节长
1	小号	平均年龄在3岁的儿童	56	24
2	中小号	平均年龄在6岁的儿童	64	28
3	中号	平均年龄在9岁的儿童	72	32
4	大号	平均年龄在12岁的儿童	80	36

三、童装原型的应用与发展

当前应用比较广泛的原型有日本原型、美国原型、英国原型、意大利原型等，我国原型受日本原型影响较大，并在此基础上加以修正，形成中国式原型。我国原型受地域、南北差异的影响，各地区有所区别。在原型基础上，结合不同的服装造型因素即款式造型松量，便形成亚原型。当前亚原型的应用极为广泛，按成衣品种可以将其分为上衣原型、裤子原型、衬衫原型、T恤原型、西装原型、大衣原型等，再结合推板放码，使工业生产极为简捷、便利。日本文化原型起步较早，发展比较完善，领先于其他国家，符合国际标准。我国的服装原型，大多是借鉴日本文化原型，适合各类服装爱好者交流学习使用。本书以日本文化式原型作为基本原型。

四、原型的结构分析与说明

童装原型可以按照体型的差异分为1～12岁儿童原型和13～16岁儿童原型。1～12岁儿童原型多采用间接法，如原型法或基型法进行板型设计，由于这个时期男女童身材基本相同，因此不特别分出具体的男、女童装原型；而13～16岁儿童原型则更接近于成人体型。本书的结构设计均在原型基础上进行款式变化。童装原型使用的几点说明如下。

（1）儿童体型与成人不同，接近圆柱形状，曲线特征不明显，特别是腰腹部没有明显的吸腰造型，因此基本上采用H型造型作为合乎儿童体型的基本廓形。

（2）童装原型与女装原型相似，前身长度长于后身，这是由于儿童特殊的挺胸凸肚特征造成的，但与女装原型胸部凸起造成前衣长较长的结构有根本的区别。

（3）原型是自内衣到外衣服装结构设计的基础，适用于1～12周岁的男童，基本上胸围放松量为14cm。幼儿期为了穿着舒适的要求，通常该量略大；到大童期，14cm的放松量对于某些款式的服装就显得过大，可以有针对性地对服装原型进行调整，比如贴体型童装放松量可以小于14cm，而风衣、大衣、棉衣等宽松型服装可以适当增大。

（4）童装原型量体尺寸少，如上衣原型仅需要净胸围、背长、袖长三个部位的数据，避免了量体过程中的误差，并且便于记忆，不会束缚设计思维。

（5）原型实质上是把立体的人体表皮平面展开后，加上基础放松量后构成的服装基本型，即立体转变为平面的过程。原型法显示着人体与服装的关系，保障了服装结构最基本的合体性，具有广泛的通用性和体型覆盖率，无论高矮胖瘦的体型，都能制作出与立体型相符的原型。

五、童装原型制作

（一）童装衣身原型的参考尺寸

见表1-8。

表1-8 童装衣身原型的参考尺寸　　　　　　　　　　　　　单位：cm

部位	尺寸							
身高	80	90	100	110	120	130	140	150
胸围	48	52	54	58	62	64	68	72
背长	19	20	22	24	28	30	32	34
袖长	25	28	31	35	38	42	46	49

（二）童装衣身原型

见图1-7。

（三）童装衣袖原型制图

见图1-8。

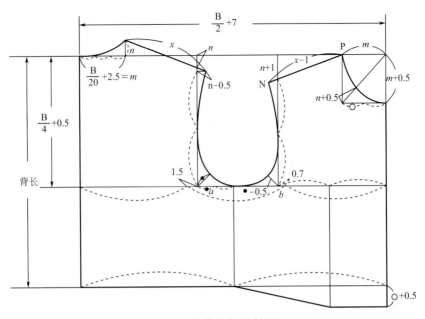

图1-7 童装衣身原型制图

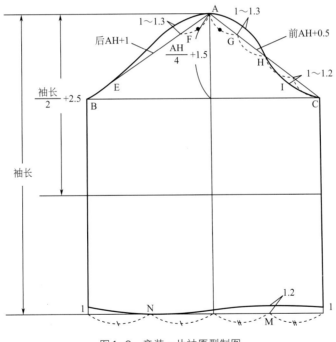

图1-8 童装一片袖原型制图

（四）童装原型的制图步骤

1.衣身原型的制图步骤

（1）按照尺寸绘制基本轮廓（B为净胸围）：以背长尺寸为宽，以（B/2+7）cm为长，做出一个长方形。由于为半身结构，所以胸围的整体加放量为14cm，即胸围的放松量。

（2）绘制袖窿深线。从后领中心沿后背量（B/4+0.5）cm得出的数值自上而下做出水平线，以此作为袖窿深线，也可看作胸围线。

（3）绘制侧缝线。在胸围线上，首先定出中点垂直向下做出前后片的分界线，即原型的侧缝线。

（4）绘制胸宽线和背阔线。做出袖窿深线（胸围线）三等分的两个点（在图上从左到右定为 a、b 点），a 点向右偏出 1.5cm，经过该点向上做垂线，这条线即背宽线；b 点向左偏出 0.7cm，同样向上做出垂线，即胸宽线。

（5）绘制领口线、领口弧线。后片的领口宽为（B/20+2.5）cm=m，后背中线向上量 $m/3$（这个值设定为 n）的高度，为后领深，这个点叫后领中心点，并由第一等分处起画顺后领窝线。在前片的中心线上量出前片领口宽同后片（即 m），领口深为 $m+0.5$cm，做出辅助的矩形，如图作出前后的领窝弧线。

（6）绘制后肩线。在后背宽线（点）下 n 的高度向右偏出 $n-0.5$cm 得出肩端点，连接该点与后领窝的高画出后肩线 x。

（7）绘制前肩线。在上平线与胸宽线的交点向下量 $n+1$cm 得出 N 点，连接 PN 并将其延长，使其长度等于后肩线长度 $x-1$cm，这样就确定了前小肩线。

（8）绘制袖窿曲线。以前后肩点为端点，经过如图上的辅助点，绘制出一条圆顺的曲线，即袖窿曲线。

（9）绘制前片腰围线。将前胸宽二等分点由此向下作垂线，与前中线一起延长到 $n+0.5$cm 处，该线为水平线，如图并与侧缝下端点连接，完成前片腰线。

2.袖子原型的制图步骤

袖子原型是袖子制图的基础，是应用广泛的一片袖，可配合服装种类和设计来使用。

（1）先量出前后片袖窿曲线的长度，这个值通常叫作 AH，按如图的计算公式可以画图。

（2）确定袖山高。儿童的年龄不同，袖山高采取不同的计算方法，1～5 周岁取（AH/4+1）cm，6～9 周岁取（AH/4+1.5）cm，10～12 周岁取（AH/4+2）cm。同样的袖窿尺寸，袖山高度降低，袖肥增大，运动功能增强；袖山高度升高，袖肥尺寸变小，袖子的造型功能美观，但不利于运动。幼儿的袖子需要较强的运动技能，随着年龄的增加应逐渐提高造型功能。

先画出袖中线，在这条线上量出袖长，顶点定为 A 点，在 A 点向下量取袖山高（AH/4+1.5）cm 的长度，定出袖山高，并垂直于袖中线，作出袖山深线。

（3）画出袖肥线。在 A 点量取（后 AH+1）cm 的长度交袖山深线于 B 点（后袖肥大点），再量取（前 AH+0.5）cm 的长度交袖山深线于 C 点（前袖肥大点），BC 之间即袖肥，将这两点向下做袖中线的平行线。

（4）画出前袖山弧线。把 AC 四等分，定出 G、H、I 三个点，G、I 点分别垂直偏出 1～1.3cm、1～1.2cm 做出辅助点，再经过 H 点，做出圆顺、光滑的曲线。

（5）画出后袖山弧线。取 BE、AF 等于前袖山斜线长度的四分之一，F 点偏出 1～1.3cm，经过该点和 A、E 点做出后片的袖山弧线。

（6）画出袖肘线。A 点向下，以（袖长/2+2.5）cm 的长度定出袖肘线。

（7）画出袖口线。在前袖口大的中点向上突出 1.2cm 定为 M 点，后袖口大的中点定为 N 点，通过相应的这几个点画顺袖片的下口线。

（五）原型的修正

将原型的前后片肩点对齐，重合肩线，检查领窝弧线、袖窿弧线是否圆顺，否则必须进行适当的修正，再将原型剪下来备用。

按照不同的年龄阶段，肩坡角随之变化，与男装、女装有所不同。童装受体型影响，前后腰节线位置相同，但前身下摆的起翘量有所不同（表1-9）。

表1-9　儿童原型中的起翘量变化　　　　　　　　　　　　单位：cm

年龄	肩坡角前身	起翘量
婴幼儿	2.8	1.3
2岁	3.2	1.5
4岁	3.4	1.7
6岁	3.7	1.9
8岁	4	2.1
10岁	4.3	2.3
12岁	4.6	2.5
14岁	4.8	2.7

第二章

男童装的分类设计

第一节　男童装分类设计的原则

在男童装设计中，质量和舒适是先于款式的，因此让孩子穿在身上感到舒适、安全和体贴是设计者首先考虑的。儿童的生长发育阶段规律及其体型特征对童装的款式设计、结构设计、面料选择和价值体现等都会产生不可低估的影响。设计要从儿童的生长规律及体型特征入手，对童装领、袖等基本型的变化原理进行全面而系统的了解，并就不同年龄阶段童装的款式设计、结构设计、面料选择等进行具体分析。

服装穿在身上要求合体、舒适、不损害健康，这是童装的实用性体现。由于儿童的体型处于生长发育阶段，衣服越穿越小，使用寿命一般为1～3年。周岁以前的婴儿服，其使用寿命不超过1年（这是人类生长最快的阶段）；其次是发育阶段的中小学生服装，其使用寿命不超过2年（这是人类长高的关键时期）；其他阶段的儿童服装，其使用寿命2～3年。设计师们一定要注意各年龄段的消费市场需求，据此调整产品结构才能立于不败之地。不同年龄段儿童的高矮胖瘦、生理条件、心理特点各异，服装的功能要求基本一致，即调节气候温度的能力、保护身体的功效、满足身体活动的要求。

一、男童装分类设计的意义

童装设计受成人服装设计的影响，品种丰富多彩，在造型、色彩、面料和结构上都有多种变化款式，尤其是它的造型之多、色彩之众、面料之杂，让人眼花缭乱。

童装的分类设计是把童装按照年龄、性别、市场习惯、穿着场合、穿着用途、季节、面料等系统化的设计。设计者应该在对分类设计理解的前提下进行多项设计的综合运用，以得到最佳的设计方案从而达到分类设计的目的。

二、男童装分类设计的原则

1.用途明确

是指设计的目的和服装的去向。设计者为什么要设计这件服装？是参加服装比赛用还是投放市场销售用？是作为学生制服还是作为出游服装等？服装的去向决定了服装存在的环境条件。进行设计不能概念化程式化，只有明确服装用途才能有的放矢，准确击中目标，如图2-1～图2-3所示。

2.角色明确

是指具体的服装穿着者。仅仅按年龄性别划分穿着者类别仍是比较抽象的，还应该对穿着者的社会角色、经济状况、性格特征、生活环境等进行分析。批量生产的服装是取得穿着者在诸多方面的共性，单件定制的服装则要找出穿着者的个性，并且要注意穿着者的身体条件。角色明确

图2-1　运动装

图2-2 舞台装　　　　　　　　　　　　图2-3 礼仪服装

是在用途明确的基础上进行的，没有明确的角色仍可进行设计构思——尽管会在穿着方面带有一定的盲目性，却并不影响服装的存在；没有明确的用途则无法进行设计构思——因为不知道穿着者想要什么东西。

　　3.定位准确

　　包括风格定位、内容定位和价格定位。风格定位是服装的品位要求，成熟的穿着者明白自己需要什么样的风格，需要什么样的品位。内容定位是服装的具体款式和功能，不能给穿着者张冠李戴的服装，像表演又不是表演装，像风衣又不是风衣的效果往往令人难以接受。服装的款式可以千变万化，其性质却要相对稳定。价格定位是针对销售服装而言的，无论采用何种销售方式，价格定位都涉及生产者和消费者的经济利益。定位过高虽然利润丰厚却会引起滞销，定位过低虽能畅销却利润微薄。因此，合理的产品价格比一直是设计者应该了解的内容。

第二节　男童装分类设计的方法

一、童装的分类

　　1.按照年龄段分类

　　按照儿童不同时期的生理、心理特征的变化，可以将儿童时期分为婴儿期、幼儿期、学龄前期（小童期）、学龄期（中童期）和少年期（大童期）。因此，童装也可分为婴儿装、幼儿装、小童装和大童装。

　　2.按照性别分类

　　按照性别，可以将童装分为男童装、女童装。

　　3.按照市场习惯分类

　　按照市场习惯，可将儿童服装分为婴儿（0～1岁）、小童（1～5岁）、中童（6～10岁）

和大童（11～14岁）四个阶段的服装。

由于婴儿特殊的生长规律与活动特点，对服装的面料、色彩、结构等要求更高，因此近年来婴儿装设计呈现出一些与其他年龄段童装不同的特点。婴儿装产业逐渐壮大，并与其他产品共同形成完整的产业链条。在欧美国家，婴儿装品牌的年龄段一般在0～1.5岁（0～18个月）；在我国，婴儿装品牌的消费人群一般定在3岁以下，超过3岁的服装划定为童装。

4.按照穿着场合分类

按照穿着场合可以分为内衣、外衣两大类。

内衣紧贴人体，起着保暖、护体和整形的作用。内衣不但包括内裤、背心、衬衣、衬裤等，还包括一些特殊的产品种类，如连身衣等。另外在婴儿装中往往包含着婴儿护理产品，如定型枕、口水垫、抱被、抱袋、手套、脚套、帽子等，如图2-4所示。外衣则由于穿着场所不同，用途各异，品种类别很多。按照穿着场合，可分为社交服、职业服、室内服、运动服和舞台服等，如图2-5所示。

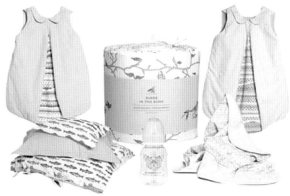

图2-4　婴儿装

5.按照穿着用途分类

按照穿着用途，可以分为上下相连的整件服装，如工装裤、背带裤、连体衣等；上下分开的套装，如两件套、三件套、四件套等；外套穿在身体的最外层，如风衣、大衣、披肩、雨衣等；穿至上半身的无袖童装，如背心、马甲等；覆盖人体下半身并从裆底分出裤腿的各种裤子等；贴身穿着的T恤、衬衫等。

6.按照季节分类

按照季节，可以将童装分为春夏装和秋冬装。春夏装一般轻薄透气，色彩明快鲜艳，以衬衫、T恤、裙、裤、马甲等为主；秋冬装强调保暖防寒，色彩比较含蓄，主要以毛衣、外套、风衣、棉衣、保暖内衣、羽绒服为主，如图2-6～图2-9所示。

图2-5　外穿童装

7.按照面料的组织结构分类

按照面料的组织结构，可以将童装分为梭织类和针织类两大类，其中针织童装又可分为经编针织和纬编针织，如图2-10所示。

现在市场上涌现出更多的服装品种，极大地丰富了童装市场的内容，如亲子装、趣味童装、中式童装、系列童装等，如图2-11和图2-12所示。男童装的款式种类繁多，风格各异，但是无

图2-6　春装

图2-7　夏装

图2-8　秋装

图2-9　冬装

图2-10　针织、梭织组合服装

图2-11　趣味童装

论怎样变化，都要建立在充分满足儿童体型和生理特征的基础上，既要满足儿童生长发育和舒适性、运动性的要求，又要充分体现儿童的特点和造型的独特。童装中的很多装饰都集中在衣领部位，因此领型的设计和构思一直是童装设计师关注的焦点，并通过对这一细节的追求与刻画，增强童装作品的表现力。

二、男童装设计灵感的表现

童装设计是一种艺术美的创造。当家长们正筹划着该为孩子的衣橱增添哪些时尚衣物时，作为社会文化的童装，既是个人行为，也是社会行为。它除了会受到自然气候、经济条件的影响外，还会受到儿童所在的"社会规范"和"行为准则"的制约；作为精神文化的童装，它是一种追求美和表现个性的方式，能

图2-12　系列男童装

反映出人自身存在的价值。当今时尚是儿童群体所追求的某种特殊形式的事物的行为，比如某种穿着方式、某种发型等。而时尚的童装不仅是一种美的形式，同时也是一种代表某种新观念和新价值取向的符号。

主题一：

这一男童装设计灵感主要模仿了变色龙、斑纹和绒球的表面纹理，打造出自然野性的感觉。通过对饱和色彩、高性能外套和带有实用性细节的立体感款式的进一步探索，以达到升华自然的效果。色彩表现方面，从大自然中寻找到的一系列充满活力的色彩构成了这个系列的男童装。在深橄榄绿色和海军蓝色的背景色之上，暗红橙色、黄绿色和亮橙色等暖色调，与鸭蛋黄和孔雀蓝等冷色调形成鲜明对比，如图2-13所示。

图2-13　男童装的主题表现之一

主题二：

DIY设计的男童装系列以创新为基本。实用的轮廓同运动风镶边、对比衣袖以及简单的面料拼接等设计相结合，打造出焕然一新的外观。彩色粒结表面和磨损表面设计的牛仔同灵感印花以及块状几何图案结合使用。在色彩应用方面，整体色彩以块状亮色调和实用的中性色调为主。石色、硬纸板色和蓝色等是打造牛仔装的关键，而亮白色、焰红色、柠檬色以及天蓝色则应用于针织和图案等设计，如图2-14所示。

图2-14　男童装的主题表现之二

第三节　男童装的主要装饰细节

一、趣味元素

在核心的运动基本款单品和配饰中加入动物或趣味设计，将其转变成充满趣味又实穿的新颖必备款单品，如图2-15所示。

二、纹理混搭

针织和梭织通过安插和补丁形式用于各种质感的平纹布中，是一大关键结构趋势，如图2-16所示。

图2-15　趣味元素的使用

三、让人着迷的修补

　　牛仔裤、梭织衬衫和针织衫的手工缝补、修补和再利用形象通过手工或机器缝织重新设计。混搭顺色牛仔或图案补丁相互结合，以此重塑朴素形象，如图2-17所示。

四、徽章

　　徽章随意排列于运动衫、裤子和外套上。绗缝、校园风毛巾布和毛毡叠搭元素均是重点，如图2-18所示。

五、补丁

　　休闲裤设计有结构整洁的矩形补丁，刻意布满整条裤管，以此打造朋克做旧形象，如图2-19所示。

六、点缀亮色

　　彩色装饰用于衣领、袖子卷边、里衬和口袋细节，为服装增添体现设计师心思的个性设计。

七、大口袋

　　实用口袋从传统的大腿中部侧缝线安插移向腿根位置，以此帮助保留简约、运动的裤装轮廓，如图2-20所示。

八、实用口袋

　　口袋的设计强调简约和功能性。扁平补丁口袋适合用按扣紧固件或略微压缩的风箱细节。撞色彩色口袋翻盖是值得借鉴的设计，如图2-21所示。

图2-16　纹理混搭的表现

图2-17　修补的表现效果

图2-18　徽章的使用

图2-19　补丁的做旧效果

图2-20　大口袋的使用　　　　　　　　　　图2-21　实用口袋的使用

九、细褶

特殊场合衬衫饰有装饰细褶肩线和中央拼接。彩色斜裁滚边或锦缎镶边混搭出不拘一格的版本，如图2-22所示。

图2-22　细褶的使用

第四节　男童的着装风格

男童服装的风格是由服装的整体款式、色彩、面料以及饰物组合而成，是由服装的外观形式表达出来的服装的内在含义和气质。它在服装的表面信息中迅速地由视觉形象转化为服装的精神面貌。追求风格就是追求一种意境，独特风格的童装所表现的美感和魅力正反映了儿童的内在品质。孩子们通常凭个性和教养来选择自己喜爱的服装，以实现自我装扮的格调。长此以往，逐渐形成个人风格和穿着品位，并影响孩子的思想意识和道德品质。因此为了孩子的健康成长，设计师就得了解当前男童服装的风格特征以及孩子们的个性、嗜好，以帮助孩子们选择更适合的服装，确立健康的审美意识，树立正确的世界观。

一、休闲运动风格

　　休闲、运动是男孩子们最喜爱的活动，或捉迷藏，或追逐打闹，或徒步旅行……在阳光充足的大自然中，儿童的心灵和体魄会得到很好的锻炼。休闲运动风格的服装适应了男孩子们的这种生活需要并极大地满足了他们渴望运动的欲望。眼下已经有款式多样的运动装、简洁大方的日常装、活泼可爱的休闲装、活动自如的户外装，且往往有图案、拼接、线迹，还用夸张的图案和多层式、防护型等款式特点来表现休闲风格，如图2-23～图2-28所示。运动休闲风格的服装最大的特点是样式宽松、活动自如，其次是它舒适的面料和色彩的自然运用，表达了一种轻松随意、潇洒自由的休闲着装效果。

图2-23　休闲运动风格（一）

图2-24　休闲运动风格（二）

图2-25　休闲运动风格（三）

图2-26　休闲运动风格（四）

图2-27　休闲运动风格（五）

图2-28　休闲运动风格（六）

二、都市时尚风格

　　现代都市的生活氛围促使男童较早地步入了时尚行列，如今在都市里生活的孩子们在服装的选择上很易受当前时尚、流行元素和明星偶像们着装风格的影响，着装打扮趋于成人化，时尚潮流是他们的风向标，使得成人的流行风格在此类风格的童装上得到了一定的体现。目前众多世界知名品牌的童装都以都市时尚风格为主，形成了粗犷豪放、细腻精致等多元化的都市时尚风格的童装款式，尽显现代都市魅力无限的时尚风貌。

　　在成人时尚的牛仔装、民族装、田园装和嬉皮士装等服装的影响下，都市孩子的服装以时尚休闲为主流，结合抽象艺术、写真艺术、传统艺术和卡通艺术，或以变幻的直线条纹，或以夸张的卡通图案，或以简约的几何图形，或以传统的小小碎花，在针织套头衫、喇叭长裤、时髦短裤和休闲斜肩挎包等服饰中尽显现代都市的时尚风貌，如图2-29～图2-34所示。

图2-29　都市时尚风格（一）　　图2-30　都市时尚风格（二）　　图2-31　都市时尚风格（三）

图2-32　都市时尚风格（四）　　图2-33　都市时尚风格（五）　　图2-34　都市时尚风格（六）

三、学院绅士风格

这种风格的服装完全是为现在男童平时在校园里穿着的校服和特殊场合的礼服、制服为主。它既大气又纯朴，既严肃又简洁。它的款式造型简练，线条流畅而有一定的力度，服装的外廓呈直线形。男童装多为翻领衬衫、西裤、西装和马甲组合。它们都强调合身的裁剪和线条的利落，色彩多以深色为主，如图2-35~图2-40所示。它融合了成人的职业装、学生装、便装的多种元素，并以这些服装的概念为设计主流。穿着这种风格的服装，男童显得绅士、庄重、帅气，有绅士风范。这种服装融合了校园文化，具有重要的审美教育价值，对塑造好学生形象起到了积极的作用。

图2-35　学院绅士风格（一）　　图2-36　学院绅士风格（二）　　图2-37　学院绅士风格（三）

图2-38　学院绅士风格（四）　　图2-39　学院绅士风格（五）　　图2-40　学院绅士风格（六）

四、摩登前卫风格

现代男童服装受国际艺术的影响，把高科技的成果运用其中，与正统的观念相对立。从朋克装、嬉皮装、乞丐装等风格的服饰中演变成为现代具有刺激、开放、离奇效果的男童服装样式。这些前卫的男童装设计师们融合了现代各种前卫的艺术风格，从当前著名的日韩设计师作品中寻求创造元素，超现实主义风格和后现代解构主义风格，是获得现代超前意识的男童服饰灵感来源的主要途径。他们用新型质地的面料，或用电脑印刷，或用高科技制作工艺，或用手绘涂染，在服装的各个部位尽情地表现摩登前卫的艺术思想，形成了酷劲十足和富有前卫感的男童时装，如图2-41～图2-46所示。

图2-41 摩登前卫风格（一）　　图2-42 摩登前卫风格（二）　　图2-43 摩登前卫风格（三）

图2-44 摩登前卫风格（四）　　图2-45 摩登前卫风格（五）　　图2-46 摩登前卫风格（六）

五、传统民族风格

这种风格的服装具有比较浓厚的民族文化和乡土气息。它运用民间的、民族的、传统的装饰纹样以及传统的面料结合传统手工艺来设计服装。它的款式造型多是中西结合，色彩多运用对比色和浓艳的色彩组合。常常以吉祥物和装饰纹样为装饰图案，或是以民间的成语、寓言的主题为内容来进行装饰，用刺绣、十字绣、电脑绣、绳结、图案、斜襟等元素来突出民族风，很多传统手工艺在此风格服装上得以运用，如图2-47～图2-49所示。一般来说，民族风格的男童服装作为孩子们的节日盛装或特殊场合着装。

图2-47　传统民族风格（一）　　　图2-48　传统民族风格（二）　　　图2-49　传统民族风格（三）

六、嘻哈风格

嘻哈风格已经成为近年来最为流行的一种男童服装风格，是一种时尚的街头风格。嘻哈风格的服饰特点是"超大尺寸"，最初是父母为了让处于快速成长期的小孩不至于快速淘汰衣服，经常购买大尺码的衣服给孩子穿。久而久之就造就了带有叛逆，玩世不恭的风格。这种风格是为那些喜欢追逐打闹、淘气、时尚的男童专门设计的款式，由乞丐装、休闲装、运动装发展而来。这种服装往往过分肥大，宽松而随意，是用针织绒线、牛仔布以及那些耐脏、耐磨的劳动布制作而成，整个装束带有几分野气、随意和活泼劲。这种风格的服装有益于孩子的身心健康，使孩子的心灵特别放松，身体特别自由，佩戴上嘻哈风格的饰品特别适合儿童日常休闲时穿着，如图2-50～图2-55所示。

图2-50 嘻哈风格（一）

图2-51 嘻哈风格（二）

图2-52 嘻哈风格（三）

图2-53 嘻哈风格（四）

图2-54 嘻哈风格（五）

图2-55 嘻哈风格（六）

服装的款式设计，是一个艺术创作的过程，是艺术构思和艺术表达的完美结合；是以不同的人体作为造型设计的对象，从而进行的一系列创作活动。客观地说，人体的外形特征和内在心理因素又制约着童装的造型结构。服装的款式设计相对于其他的视觉设计来说，不但要求设计方面的知识，还要求结构、工艺、面料、生产、销售等方面的专业知识。

服装的款式设计经历了构思—设计—裁剪—制作的完整过程。设计师通过绘画表现自己的设计构思，以服装造型、款式、图案为媒介，将自己的设计意图传递给他人。其中，时装画是绘画表现的主要形式。另外服装款式图也是重要的表现形式，可以将服装的细节巨细靡遗地传达给版型师、样衣师以及生产部门。在现代服装生产中，服装款式图方便、迅速、操作简单，可以直接指导生产，经常代替服装效果图使用。

服装廓型设计是指服装正面或者侧面的外观轮廓，是服装的外部造型剪影。服装的廓型变化主要是指服装外形线的变化，即外边界线所表现出的剪影般的轮廓特征。服装的廓型变化主要集中在肩、胸、腰、臀以及下摆等几个主要部位。服装的款式流行最显著的特点就是廓型的变化。

廓型主要分为字母型、几何型、物象型以及专业术语型等几种形式。

一、字母型

是以英文字母表现服装外观形态的方法。常用字母 H 型、A 型、O 型、X 型、T 型、V 型、S 型来表示，如图 3-1 所示。

A型　　　　H型　　　　V型　　　　O型　　　　T型　　　　X型　　　　S型

图 3-1　字母型

二、几何型

将服装的外轮廓完全看成直线和曲线的组合时，任何服装都是单个几何体或者几个几何体的组合，即以特征鲜明的几何形态来表示服装的外观轮廓。常见的如矩形、三角形、梯形、圆形、椭圆形、正方形、球形等。

三、物象型

这是以大自然或生活中某一形态相像的物体表现服装廓形特征的方法。例如酒杯型、茧型、帐篷型、纺锤型、气泡型、陀螺型、郁金香型、流线型等，经常被巧妙地运用到服装造型设计中。也是我们常说的仿生设计，如图3-2和图3-3所示。

| 沙漏型 | 钟型 | 蓬蓬型 | 美人鱼型 |

图3-2　物象型

图3-3　儿童服装的仿生设计

四、专业术语型

是按照常用的专业术语对服装的外观轮廓进行的描述。如公主线型、直身型、细长型、宽松型等。男童装中直身型和宽松型应用较多。

第一节 男童装的廓型设计

一、几何廓型设计

1.矩形轮廓

矩形轮廓的服装呈直筒式，在童装秋冬外套中最为常见。标准的矩形一般为黄金比例，长：宽＝1：1.618。它基本符合人体躯干比例，具有很强的视觉美特征。童装受成人服装设计的影响，在秋冬大衣等设计中模仿成人的长方形大衣，如常见的儿童西服、风衣等，塑造一种正装的感觉，如图3-4所示。

图3-4 矩形轮廓

2.三角形轮廓

三角形轮廓包括正三角形和倒三角形。正三角形廓型是上收下放的造型，宽松又可爱，在童装中常用，女童连衣裙基本上都是这种廓型；倒三角形轮廓造型多用在儿童运动型小外套上，如收腰小夹克等，给人以别致的印象，充满动感和时尚感，如图3-5所示。

图3-5 三角形轮廓

3.梯形轮廓

梯形轮廓外形特点是上小下大，倒梯形刚好相反，这种廓型的服装比较宽松，强调肩部体积感。童装中大多重视运动性，不过于强调肩部体积感，不过在学生制服外套等正装中会运用梯形轮廓，如图3-6所示。

4.圆形轮廓

圆形轮廓外形特征是两端收紧，中间放松，外观呈圆形造型。圆形轮廓的造型夸张，体现儿童可爱憨厚有趣的特点，在幼童服装中常有运用，如图3-7所示。

图3-6 梯形轮廓

二、字母廓型的服装设计应用

1.H形廓型

H形廓型服装外观特点是呈直筒式，上衣和大衣以不收腰、直下摆为主要特征，在童装秋冬外套中最为常见。裤子也以上下等宽的造型为主要特征。H形设计符合人体躯干比例，具有很强的视觉美特征，如图3-8所示。

图3-7 圆形轮廓

图3-8　H形廓型

2.A形廓型

A形廓型服装外观特点是上收下放，呈现A形造型。一般上衣和大衣肩部较窄，以不收省、宽下摆或者收省、宽下摆为基本特征，裤子以紧腰阔摆为主，如图3-9所示。

图3-9　A形廓型

3.T形廓型

T形廓型服装的外观特点是上小下大，倒T形刚好相反，穿上比较宽松，形成肩部夸张、下摆内收的造型，如图3-10所示。

图3-10　T形廓型

4. O形廓型

O形廓型的服装一般腰部特别宽松，肩部、腰部、下摆处没有明显的棱角。多用于男童的表演性服装以及幼儿服装中，如图3-11所示。

图3-11　O形廓型

5. X形廓型

X形廓型服装的外形特点是有自然的肩部结构，明显的胸部、腰线、臀线设计的造型。一般这类服装造型多应用于女童装，男童的表演服装也偶有出现。

图3-12　个性分明的服装廓型

廓型设计不但是服装造型的一种手段，在服装流行方面还起着传递信息和指导方向的作用。在男童装设计中，兼顾不同时期生理特点和个性发展，形成特定的服装群体，丰富了服装的内在价值和附加属性。

虽然男童装的造型与表达多种多样，但最常用的廓型偏O型、A型和H型。在既定廓型的条件下，服装内部的线条，如腰节线、横向以及纵向分割线等也经常改变服装内部分割的比例，产生不同的视觉效果，赋予服装更多的表现特性，如图3-12所示。

第二节　男童装的款式设计

一、男童装的款式分类

按照服装的组合可以分为上装、下装；按照穿着季节可以分为春装、夏装、秋装和冬装；按照服装的不同功用可以分为内衣、外衣；按照服装的品种可以分为裤子、衬衫、T恤、马甲、大衣、西装、夹克、羽绒服等。

1. 裤装

裤装是儿童四季中普遍穿用的服装品种之一。按照长短可以将男童的裤子分为短裤、七分裤、九分裤、长裤等；按照外形可以将其分为直筒裤、喇叭裤、背带裤、萝卜裤、哈伦裤、灯笼裤等。裤装面料一般选用全棉织物、棉混纺织物等，如弹力呢、灯芯绒、牛仔布等，如图3-13所示。

2. 衬衫

衬衫是儿童春夏季着装中主要的上衣品种之一，可以与裤子、马甲、毛衣等搭配穿着。衬衫品种有长袖、短袖、中袖之分。基本款式为开衫，领型的变化非常广泛，有衬衫领、祖父领、船型领、海军领等，如图3-14所示。

3. T恤

儿童T恤是春夏季常穿的上衣之一，可以与裤子、西装、外套等配穿，也可单独穿用。T恤分为短袖T恤、中袖T恤和长袖T恤，大多使用圆领、翻领和V领。主要使用的面料有全棉针织物、丝混纺针织物，如单面平纹面料、双面平纹面料、珠地面料、提花面料、印花面料和条纹面料等。儿童T恤经常使用各种造型的图案，如印花图案、贴布绣图案、珠绣图案等，如图3-15所示。

4. 夹克

夹克是男女儿童均可穿着的短上衣。其款式基本特点是衣长在腰部或臀部位置，大多设有收紧的下摆；外部造型膨胀，下摆和袖口有收紧设计；在领口、袖口、底摆处大都有罗纹针织饰边；前门襟有拉链式、按扣式和搭门式，领子常为翻领、帽领等，帽领还可以分为明风帽和暗风帽，通常采用明线设计，如图3-16所示。

5. 西装

西装是儿童常见的服装品种之一，经常在春秋季搭配T恤、衬衫、马甲以及短裤、长裤穿着。按照面料和造型风格的不同，可以分为礼仪西装和休闲西装。儿童的西装多为休闲类型，适合野外、露营等其他活动场合。正式西装一般用于礼仪场合，也可以作为表演服装。儿童西装多为单排扣，一般为两粒扣或者三粒扣；为突出儿童特点，通常对领口、袖子、袖口、口袋进行细节设计，口袋多为贴袋设计。在尽显帅气、洒脱的同时又不失儿童的憨真可爱，如图3-17所示。

图3-13　裤子的款式

图3-14　衬衫的款式

图3-15　T恤的款式

图3-16　夹克的款式

图3-17　西装的款式

6. 大衣

大衣是儿童防风防寒的服装品种之一，是从幼儿起直到少年冬季外出必备的服装。衣长一般在膝盖上下，造型大多使用直身式的 H 型和上窄下宽的 A 型；结构上有断开式和连身式。大衣的领型、袖型变化灵活，领型常为两用领、翻领、驳领以及帽领等；袖型常为装袖、连身袖和插肩袖，面料的选择也多种多样，如图 3-18 所示。

7. 羽绒服、棉服

羽绒服、棉服是儿童冬季常穿的日常休闲服装，内有鹅绒、鸭绒、喷胶棉等填充物。其款式设计以宽松式为主，经常结合绗缝工艺，通常在腰部和手臂处有一定的活动松量，以方便儿童在里面增加衣物和进行活动，如图 3-19 所示。

8. 外套

外套是儿童秋冬季常穿的服装品种。造型宽松、随意，通常搭配 T 恤、衬衫、毛衣等穿用，可以防风保暖，并适合不同的场合，便于儿童活动，如图 3-20 所示。

9. 卫衣

男童卫衣是非常适合在秋冬季穿用的服装品种。通常是指厚的针织运动衣服、长袖运动休闲衫，料子一般比普通长袖衣服要厚，袖口紧缩有弹性，衣服下摆和袖口的材质相同。现代卫衣兼顾了时尚性与功能性，融合了舒适性与时尚性，而且利于儿童跑跳、活动，以及生长发育，是深受家长、儿童喜爱的服装，如图 3-21 所示。

图 3-18　大衣的款式　　　　　　　　图 3-19　棉服、羽绒服的款式

图 3-20　外套的款式　　　　　　　　图 3-21　卫衣的款式

10.马夹、背心

指无袖且较短的上衣，主要是使前后身区域保暖，并便于双臂活动，可以穿在外衣里边，也可以穿在最外层。通常选用不同的材料，如西服马夹、棉背心、羽绒背心以及毛线背心等，造型风格也灵活多变，如图3-22所示。

11.针织服装

随着新型面料技术的发展，针织服装赋予服装廓型更多的变化。针织服装具有穿着舒适、透气爽滑的特点，是童装市场深受喜爱的服装品种，如图3-23所示。

图3-22　马甲、背心的款式　　　　　图3-23　针织男童装的款式

二、男童装的款式设计应用

设计时应首先考虑到儿童的天性，在玩的过程中，衣服的舒适程度是很重要的一个因素。休闲服装以宽松自然为主要特征，是男童极为适合的服装品种。小孩子身体正在发育，穿着外观精致、洒脱、宽松的休闲类衣服，平时做游戏、跑动等很方便，既有利于身体的发育，还能给人一种温柔可爱、舒适随意的特别印象。童装的款式还可弥补一些孩子体形上的不足。一般长得比较胖的孩子，就要选择无领或圆领的衣服，比如圆领T恤衫等；下身穿着裤子，不要太肥，夏秋季穿收腿的七分裤或九分裤为好，这样给人的整体感觉就不会太胖。一条牛仔裤，身体瘦长的孩子穿上之后，就会显得身材纤细、匀称；而腿粗的孩子穿上之后，就会显得臃肿，这样的孩子，不妨给他选一件薄而略长的上衣遮住臀部，下身再配一条修长一点的直筒裤，就会给人一种身材修长的感觉。童装没有落不落伍一说，关键在于如何选择和搭配。

（一）男童装款式设计的灵感来源

各大最具创新性的童装品牌正在获得授权许可，来打造出最热门的款式资讯。众望所归的《星球大战》激起了各大品牌童装设计的灵感，合作与创新设计超越了传统的局部海报印花，如图3-24所示。

当下流行的阿迪达斯与星球大战的联名印花系列巩固了它的童装和鞋子的市场地位。2015—2016秋冬发行星球大战主题印花和图案，结合怪诞的波普文化，使其成为当下热门的获得迪斯尼许可的童装品牌，如图3-25所示。

图3-24　男童装设计的灵感来源

图3-25　主题下的单品

　　基础运动装是展现印花和图案的有效平台，主要采用暗色黑白色调，并融合金属色与夜光亮色。水洗或做旧处理增添了有趣的细节设计，以提高趣味性。滑板风格的鞋子和篮球帽有助于打造出自由随意的复古风，如图3-26所示。

图3-26　主题下的基本色调

　　偏离中心的大面积丝网印花传递出充满运动感的视觉冲击力，经久不衰的升华工艺和成衣染色处理显得新颖而具有商业吸引力，如图3-27所示。

图3-27　主题下的细节表现

（二）男童经典款式分析

1.方形色块拼接

方形色块拼接设计打造在胸部及延伸到袖子位置上。利落的线条和醒目的拼接提升整体箱型外形风格，如图3-28所示。

图3-28　方形色块拼接

2.新颖迷彩图案

拼接印花风格和像素化迷彩及拼接蛇皮纹理等新颖图案打造出新颖感迷彩图案外观。新颖迷彩图案带来的夹克衫外形呈现在NFD（日本花艺设计师协会）之前报道的2015春夏男童装设计方向—主要款式文章中，营造出时尚款式，如图3-29所示。

图3-29　迷彩效果

3. 可拆卸兜帽

可拆卸兜帽设计成为打造夹克单品的关键，其全拉链式和按扣式成为首选。著名的Hugo Boss童装品牌运用嵌入式拉链的假领夹克，打造出整洁的兜帽外形，如图3-30所示。

图3-30　可拆卸兜帽设计

4. 对比的拉链

运动感拉链带条成为经久不衰的细节趋势，是打造男童装的重要元素，甚至是提升简约夹克款式风格，如图3-31所示。

图3-31　对比拉链设计

5. 字母图案

延续着秋冬季取得的商业化成功趋势，字母贴花图案短夹克继续流行，聚焦于对比色衣袖、大尺寸徽章和背后的全幅图案。黑白色调色盘运用得很广泛，贴花图案包括文字、字母、数字和恐龙图案，这在我们的"未来恐龙世界：印花报道"中可以看到，如图3-32所示。

图3-32　字母图案设计

实用性廓型奠定了男童装外套的基调，传统风格的科技感功能性单品不仅具有新意，还带有纹理质感拼接细节。

6.派克大衣

该款"重返校园"主题的核心单品依然是男童休闲装系列的主打款式。传统面料与功能性元素如防风雨的对比设计，为其打造出耳目一新的感觉。运动风饰边如反光带和抽绳腰带，让该款单品得到补充，如图3-33所示。

图3-33　派克大衣

7.功能性粗呢大衣

填充羽绒的绗缝尼龙面料或防水斜纹软壳面料与舒适的超细摇粒绒里衬及皮草饰边兜帽相结合，打造出极具高端感的冬季外套。特色牛角扣为其增添装饰效果的同时还为其在寒冷气候带来额外的防护功能，如图3-34所示。

图3-34　功能性粗呢大衣

8.套穿式连帽防风衣

实用且易于穿戴的套穿式防风衣在本季中得到新的演绎，绗缝、色彩、混合纹理及超细摇粒绒里衬是其主打新颖细节，如图3-35所示。

图3-35　套穿式连帽防风衣

图3-36 马甲

9. 马甲

马甲是男童系列的必备单品。不显臃肿的平整轮廓和轻盈质地的科技感尼龙面料赋予款式更多的新意，精细的黏合接缝增添了额外的防雨功能，如图3-36所示。

10. 双排扣外套

基于经典的双排扣外套廓型，该款长及臀围的时尚外套最适合采用毛毡羊毛格纹呢料、黏合夏尔巴羊毛皮质感面料或多样化的羊毛面料，如图3-37所示。

图3-37 双排扣外套

第一节　面料的种类

童装面料是孩子们的第二层皮肤，对他们的成长起着至关重要的作用。面料的选择应该是非常严格的，并且适合男童不同年龄段的穿着需要。常见的儿童服装面料主要分为以下几种。

一、棉织物

（一）特性

棉织物又叫棉布，是指以棉纤维作原料的天然织物，穿着舒适、透气、保暖，但易皱、不易打理、耐用性差、易褪色。所以很少有100%棉的面料，通常含棉的成分达95%以上都叫纯棉。

（二）种类与用途

1.平纹织物

包括细平布、府绸、细纺布等，表面平整光洁，质地紧密，细腻平滑。多用于男童衬衫、外套、睡衣等品种。

2.斜纹织物

包括斜纹布、劳动布、牛津布、卡其、华达呢等，质地厚实粗犷，手感硬挺。织物表面有斜向的纹理，作为儿童牛仔服及其他休闲服、外套的面料使用很受欢迎，如图4-1所示。

图4-1　斜纹织物

3.绒类织物

包括天鹅绒、平绒、条状起绒的灯芯绒织物等。灯芯绒织物表面有凹凸条状，有粗条纹和细条纹之分，粗条纹外观粗犷纹路清晰，细条纹外观细致纹路柔和。绒布织物表面绒毛细密，外观平整丰润，光泽柔和，手感柔软，有弹性，给人以厚实温暖、柔和可爱的感觉。绒类织物多用于儿童大衣、外套、休闲服、裤子、夹克和风衣等品种，如图4-2所示。

图4-2　绒类织物

4.绉类织物

包括表面呈泡泡状起皱的泡泡纱或起皱类的绉布、轧纹布等，布身轻薄、凉爽舒适。适用于男童睡衣、衬衫等服装品种。

5.针织物

由线圈串套而成的针织织物，纯棉针织物多用于男童贴身穿的服装，如内衣、棉毛衫、棉毛裤等。针织物是童装面料的一大品类，如图4-3所示。

图4-3　针织物

6.毛圈织物

包括单面毛圈、提花毛圈、双面毛圈等。毛圈织物手感丰厚柔软，有饱满暖和的感觉。适合做婴幼儿的小外套、裤子、帽子以及年龄较大儿童的大衣、外套等。

7.棉与化纤混纺织物

其风格特点有混合纤维的多种性能，多用于儿童裤装和套装品种。

（三）服用性能

优点：吸湿性强，染色性能好，手感柔软，穿着舒适，不会产生静电，透气性良好，防敏感，外观朴素，不易虫蛀，坚牢耐用，容易清洗，如图4-4所示。

缺点：缩水率大，弹性差，易皱，服装保形性欠佳，易霉变，会有轻微褪色现象，不耐酸。

注意事项：在服装及棉织物存放、使用和保管中应注意防湿、防霉；不可长时间曝晒，晾晒时需将里层翻出，不可拧干，最好阴干。可机洗或手洗，但因纤维的弹性较差，故洗涤时最好轻洗或不要用大力手洗，以免衣服变形，影响尺寸。棉织品最好用冷水洗，以保持原色泽，不可长时间浸泡。熨烫时要用低温、中温挡，并需在衣服上盖上干布，以免出现极光。

图4-4　实用性极强的纯棉面料

二、毛织物

（一）特性

毛织物是由动物纤维纺织而成，主要原料有绵羊毛、马海毛、山羊绒、兔毛、骆驼绒、羊驼绒、耗牛毛等。毛织物具有良好的保温性和伸缩性，吸湿性好，不易散热，不易起皱，有良好的保形性，手感丰满，光泽含蓄自然，色彩一般比较深暗，感觉庄重大方。但羊毛织物易缩水，易被虫蛀。

（二）种类与用途

1.粗纺毛织物

粗纺的经纬毛纱是以较短的羊毛为原料制成的粗梳毛纱。粗纺毛织物比较厚重，有一定体积感。织物表面毛绒，丰满厚实，保暖性好，是秋冬季节里比较理想的服装衣料。品种有麦尔登呢、海军呢、大衣呢、顺毛大衣呢、羊绒、驼绒等，可用于男童大衣和外套。经过轻微拉绒处理的法兰绒，可用于男童夹克、套装等，如图4-5所示。

2.精纺毛织物

精梳毛纱是以长纤维为原料经精梳工序纺成。精纺毛织物挺爽，表面光滑，具有挺括、吸汗和良好的透气性，重量轻而结构细密，回弹力好且经久耐用。主要品种有哔叽呢、啥味呢、女士呢、麦士林、直贡呢、礼服呢等，可用于男童薄大衣、套装和制服等，如图4-6所示。

3.毛混纺织物

羊纱与混纺纱线织成的织物。如仿毛织物、毛与化纤混纺纺织物等，是童装中较多应用的面料，尤其是在年龄较大的男童服装中，如图4-7所示。

图4-5　粗纺毛织物　　　　图4-6　精纺毛织物　　　　图4-7　毛混纺织物

（三）服用性能

优点：手感柔软富有弹性，光泽柔和自然，穿着舒适美观，感觉较高档，吸湿性好，保暖性好，抗褶皱性好，不易导热，特别是在服装加工熨烫后有较好的裥褶成型和服装保形性，如图4-8所示。

缺点：不耐碱、缩水、易皱，不易打理。

注意事项：洗涤温度不可过高，忌用力搓洗及拧绞，避免曝晒；熨烫要采用湿烫法，从反面将衣料熨干。

图4-8　高档的毛料

三、麻织物

（一）特性

麻织物面料是由麻纤维织制而成的，是以大麻、亚麻、苎麻、黄麻、剑麻、蕉麻等各种麻类植物纤维织成的一种布料。麻织物具有吸水、抗皱、稍带光泽的特性，感觉凉爽挺括，耐久易洗，质地优美，风格含蓄，色彩一般比较浅淡。但是麻织物也有柔软性差、容易起皱的缺点，且其吸湿性比棉差，所以不适合做儿童内衣。此外，麻缺乏弹性变形能力，恢复性差，经水洗后还会产生收缩。

（二）种类与用途

1. 亚麻织物

包括夏布、亚麻细布、罗布麻、纯麻针织面料、亚麻薄花呢等。亚麻织物布面光洁匀净、质地细密坚牢、外观挺爽，可用于男童衬衫、外套、西服、大衣等，如图4-9所示。

2. 麻混纺织物

包括棉麻漂白布、麻丝爽、锦纶麻闪光绸、麻丝交织布等。麻纤维与其他纤维混纺，可具有不同的服用性能。如与纱混纺成麻纱面料，悬垂性很好，起皱现象有所改善，经常用来制作裙装、裤装等；与棉混纺，其柔软性增强，服装适应面更为广泛。麻混纺织物可用于男童衬衫、罩衫、运动服、西服、大衣，适合于开发系列儿童服装产品，如图4-10所示。

图4-9 亚麻面料　　　　　　　　　图4-10 麻混纺织物

（三）服用性能

优点：吸湿性强，透气性好，穿着舒适，如图4-11所示。
缺点：粗糙、生硬、易皱，有褪色现象。
注意事项：不可用硬刷刷洗，不可用力拧绞，避免曝晒。

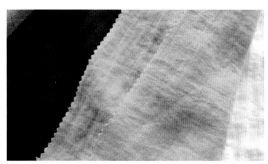

图4-11 舒爽透气的麻料

四、丝织物

（一）特性

丝织物是指以蚕丝为原料织成的面料，包括桑蚕丝织物与柞蚕丝织物两种。柞蚕丝织物色泽黯淡，外观比较粗糙，手感柔软但不滑爽，坚牢耐用；桑蚕丝细腻光滑，丝织品与皮肤之间有着良好的触感，吸湿透气、轻盈滑爽，弹性好，特别适合做贴身服装，保护儿童娇嫩的皮肤。但是丝织物容易起皱。

（二）种类与用途

1.绉纱类织物
包括双绉、电力纺、乔其纱等。绉类织物布面呈柔和波纹状，柔软而滑爽；纱类织物轻而柔软，布面平爽，透气、轻薄。绉纱类真丝衣料丰满且悬垂性好，可用作男童衬衫等。

2.绸类织物
包括纺绸、塔夫绸、山东绸、斜纹绸等。绸类织物一般质地紧密，光泽柔和自然，可用作儿童礼仪服装和表演服装等。

3.缎类织物

包括经纬缎、织锦缎、罗缎、软缎等。缎类织物手感光滑柔软，质地坚密厚实，适合做儿童衬衫、外套，以及礼仪服装和表演服装等。

（三）服用性能

优点：手感滑爽，富有光泽，穿着舒适，高雅华贵，如图4-12所示。

缺点：抗皱能力差，耐光性差，不可长时间曝晒，对碱反应敏感。

熨烫要点：反面低温、中温熨烫，洒水时需均匀。

图4-12 具有独特魅力的真丝面料

五、化学纤维织物

（一）特性

化学纤维织物是指采用天然或人工合成的高聚物为原料，经过化学处理和机械加工制成纺织纤维，然后加工成面料。化学纤维比天然纤维制品便宜，是比较平民化的织物。化学纤维的缺点是与皮肤之间的触感不好，穿在身上感觉不舒适，而且透气性较差，所以不适合作内衣用料。化纤织物分为人造纤维织物和合成纤维织物，人造纤维织物有富春纺、人造棉等，合成纤维织物有黏纤及富纤织物、丙纶织物、锦纶织物、涤纶织物、腈纶织物等。

（二）种类与用途

1.粘纤织物

粘胶纤维可以制成人造丝、人造棉以及人造毛织物，如美丽绸、富春纺、羽纱、毛粘花呢、人造华达呢等。吸湿性胜于其他化纤面料，染色性好，色泽鲜亮，手感柔软，舒适性好，但抗皱性差且易变形。粘纤织物在儿童服装中使用范围较广，可用于制作儿童套装、运动衣、罩衫、夹克、衬衣、便裤、睡衣、内衣、里料和帽子等。

2.涤纶织物

涤纶，学名聚酯纤维，涤纶面料是日常生活中用得非常多的一种化纤服装面料。涤纶织物可以仿丝、仿毛、仿鹿皮等，实用范围广泛，强度较大，抗皱、拉伸性好，较挺爽、耐磨耐洗，褶皱热定型保持能力良好，主要用作童装中的学校制服、罩衫、套装、宽松衣服及短裤等，如图4-13所示。

优点：面料手感挺括、爽滑、色泽鲜艳、坚牢耐用，抗皱免烫，不变形，易洗。本身富有弹性，吸湿透气性好，且表面光洁，有一定的防雨水功能。

缺点：吸湿性差，穿着闷热，易带静电。

洗涤保养：水洗温度30℃以下，水洗浸泡时间不超过30min，不可氯漂，不可曝晒，不可拧干，不可转笼烘燥，适宜阴干，另注意防潮。不可干洗，110℃低温蒸汽熨烫。

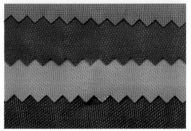

图4-13 常用的涤纶面料

3. 锦纶织物

锦纶织物品种的特点是强度大，柔软、耐磨、光泽好，易洗、抗油且富有弹性，但吸湿性较差。主要用作童装中的罩衫、礼服、滑雪衣、风雨衣及袜子等，如图4-14所示。

优点：耐磨性强，坚牢度高，吸湿性好，弹性好，恢复性好。

缺点：耐热性差，耐光性差。

4. 腈纶织物

腈纶有合成羊毛之称，可以仿毛料和羊毛混纺织物等。其织物手感柔软有弹性，保暖性、耐光耐药性好，易洗易干，防虫蛀，宜于制作户外服装。主要品种有腈纶纯纺织物、腈纶混纺织物、拉绒织物、割绒织物、仿裘皮等，如图4-15和图4-16所示。其织物有轻、软、暖的特点，主要用作童装中的礼服、棉毛衫、滑雪衫、运动服、校服及袜子等。另有一种变性腈纶，具有弹性好，柔软、耐磨、抗皱、易干、耐酸碱，保形性好的特点，应用极为广泛。主要种类有起绒面料、针织起绒衬布、非织布等，用作童装中的长毛绒大衣、服饰饰边、里料及仿毛皮、假发等。

优点：弹性好，保暖性好，色泽鲜艳，耐热性好。

缺点：耐磨性差，吸湿性差，容易沾灰。

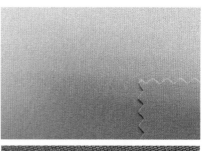

图4-14　锦纶四面弹面料

图4-15　条纹腈纶面料

图4-16　纯色针织腈纶面料

5. 氨纶织物

主要优点是重量轻、舒适且具最佳的弹力性能，可以把服装造型的曲线美和服用舒适性融为一体。氨纶织物手感平滑、吸湿透气性好，不起皱。主要种类有弹力棉织物、弹力麻织物、弹力丝织物，如图4-17所示。可用作儿童练功服、体操服、运动服等，近年来与氨纶混纺的材料或含有氨纶的服装备受市场上消费者的欢迎。

优点：弹性好，适合做紧身衣服，在男童的运动装中使用广泛，其他服装中一般只作为辅助材料少量使用。

六、其他常见的童装面料

1.皮革

（1）动物皮革 皮革以动物的生皮为原料制成，用于制作日常服装，以牛、猪、羊为主，如图4-18和图4-19所示。它们均具有皮质软、透气、吸湿性强、色牢度好等特点。皮革制成的服装防冻保暖性强亦透湿透气，穿着也很柔软舒适。在皮革上也可采用压花、金属装饰品点缀等方法。

不同皮革特性各不相同，牛皮相对而言粒面粗糙，但耐磨耐折，磨光后较光洁，其绒面细密，常用来制成皮鞋、皮带等，结实耐用。猪皮皮质粗糙、弹性差、粒面层较厚，但透气性优于牛皮绒面效果，其正面磨绒的绒毛细短，反面的粗长，以此为料制成服装具有别样感觉。猪皮的使用范围最广，皮衣、皮鞋、皮带、皮手套等均可用猪皮制成合适的款式。羊皮是三者中手感最佳、最薄的一种，具有柔软光滑细腻特点，常见的是制成羊皮手套，轻盈柔软，方便儿童小巧的手部进行活动。

（2）人造皮革 以PVC树脂为原料生产的人造革称为PVC人造革（简称人造革）；以PU树脂为原料生产的人造革称为PU人造革（简称PU革）；以PU树脂与非织布为原料生产的人造革称为PU合成革（简称合成革）。

人造皮革没有动物皮革的特性，透气性差，外观无动物般自然条纹。但人造皮革生产成本低，色彩多样，可塑性较强，皮面经过加工后能产生出真皮所没有的外观效果，如仿蟒皮、蜥蜴皮、鳄鱼皮、虎豹皮等。人造皮革经过工艺处理可产生凹凸程度不同的浮雕效果，常用作流行性强且转变快的时装设计，如图4-20所示。

优点：高贵，保暖，耐磨，面料有真皮的"肉"感，柔软滑糯，富有弹性，光泽柔和，免烫性优良，具有良好的挡风、防雨水功能。

缺点：透气性稍差，不容易护理、储藏。

图4-17 市场上流行的氨纶面料

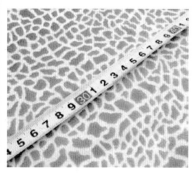

图4-18 羊皮

图4-19 纯牛皮

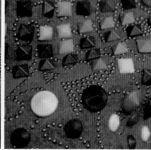

图4-20 多彩的人造皮革面料

2.莫代尔面料

莫代尔是一种全新的天然纤维，其面料，如图4-21所示。

优点：吸湿，透气，细腻，光滑。

缺点：容易变形，要注重洗涤方法。

3.天鹅绒

绒类纬编针织物的一种，由毛圈针织物经割圈或由带纱圈的衬垫针织物经割圈而成，其一面被直立纤维或纱形成的绒面所覆盖，绒毛细密，高度为1.5～5cm，手感柔软，类似天鹅的里绒毛，故名天鹅绒。产品由地纱和绒纱组成，地纱一般采用低弹涤纶丝或低弹锦纶丝，地纱的弹性有利于固定绒毛，防止脱落，绒纱一般采用棉纱、涤棉混纺纱或其他短纤维纱。色泽鲜艳自然，绒感饱满，手感舒适柔和，如图4-22所示。

4.灯芯绒

手感柔软，绒条圆直，纹路清晰，绒毛丰满，质地坚牢耐磨，如图4-23所示。

5.珊瑚绒

质地细腻，手感柔软，不掉毛，不起球，不掉色，吸水性能出色，是全棉产品的3倍。对皮肤无任何刺激，不过敏。外形美观，颜色丰富。它是国外刚刚兴起的棉质浴袍替代产品，如图4-24所示。

6.摇粒绒

摇粒绒是针织面料的一种，是小元宝针织结构。面料正面拉毛，摇粒蓬松密集而又不易掉毛、起球，反面拉毛疏稀匀称，绒毛短少，组织纹理清晰，蓬松弹性特好，如图4-25所示。它的成分一般是全涤的，手感柔软，是近两年国内冬天御寒的首选产品。

7.毛圈布

这种织物的手感丰满，布身坚牢厚实，弹性、吸湿性、保暖性良好，毛圈结构稳定，具有良好的服用性能，如图4-26所示。

通常，童装可以选择以纯棉面料为主。因为衣服紧贴皮肤，儿童的皮肤一般都敏感，与衣服经常产生摩擦，这样就特别要求布料的吸湿性好、透气性好，而棉质布料恰恰能满足这样的要求，特别是男童们穿的运动装，更要考虑吸汗、透气等要求。

图4-21　天然环保的莫代尔面料

图4-22　柔软舒适的天鹅绒面料

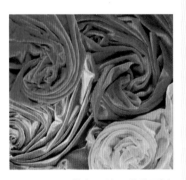

图4-23　结实耐用的条绒面料

图4-24　细腻柔软的珊瑚绒面料

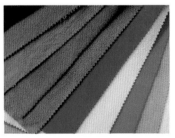

图4-25　保暖轻盈的摇粒绒面料

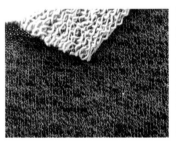

图4-26　厚实舒服的毛圈布面料

因此结合不同面料的特性，可以选择适合不同类型男童的面料。例如，在为活泼的孩子选购服装时，可以选择一些面料柔软而又富有弹性的服装，如棉、丝、毛等成分做成的衣服，这样不仅穿在身上舒服、自然，而且能极大地表现出孩子的纯洁和灵性，并能给人一种飘逸、聪颖的感觉。对于比较顽皮的孩子，不妨推荐他们穿牛仔类衣服，这种衣服由于质地比较结实，极其耐磨，男童们穿上不容易脏，又不容易损坏，而且非常有型，更显得身体结实，可爱又精神。

时代进步了，人们对童装的要求不仅仅是满足于保暖和舒适，不再单单看面料的颜色及质地，而是更注重一些具有高科技含量的面料。例如排汗性好的运动面料，耐寒防雨面料，防静电面料，防螨虫面料，还有防晒面料等。在这一点上，童装在面料科技运用上的需求远远超过了成人装，一些经过特殊处理的功能性面料在童装上的应用，深受孩子和家长的欢迎。

第二节　男童装面料的肌理设计

面料肌理设计是对原有的材料进行第二次的加工，使其产生新的面貌，这已成为当今服装设计的一大趋势。童装有着成人服装的影子，服装界的各种风潮同样也撞击着童装世界，童装不可避免地受到了现在新设计思潮的冲击，如朋克风格、日韩风格等同样在童装上有所体现。

一、童装面料肌理设计的目的

为体现服装品牌的风格，在面料上再次强调风格的设计元素，同时也加大了设计力度和制作工序。面料上的大手笔设计，及精致的制作和大量的人工工艺，不但弥补了市场上可供面料品种不够丰富的局限，更使面料独一无二，从而强调了服装造型风格，以提升服装品牌的整体品质。

二、童装面料肌理设计的方法

（一）寻找设计灵感

1.重新审视身边的世界

人们往往容易忽视自己身边的物质形态，因为对它们的熟悉而变得不以为然。但是，以一个职业设计师的眼光重新审视它们并进行研究时，就会发现它们能给予我们全新的认识和启发。经过对身边从不经意的物质仔细观察的训练，会逐渐凸显出对物质细微之处的启迪，从中获取设计元素，如图4-27所示。

2.模仿自然与创新

自然界的生物有着千变万化的肌理与天然组合协调的色彩，这些是设计师取之不尽的灵感来源。如动物毛皮纹理和色彩组合；植物肌理和色彩组合；变幻无穷的天象纹理和色彩组合；山水的肌理和色彩组合等。这些自然界的造化，用可实施的材料、工艺就能创造出全新的设计作品。如利用镂空、烂花、抽丝、剪切、磨砂等手段，按设计构思对现有的面料进行破坏，形成错落有致、亦实亦虚的效果，即为减型肌理处理；对一些平面材质进行处理再造，形成凹凸肌理对比，即为立体化肌理处理。如图4-28所示。

图 4-27　层叠感面料肌理来源与设计应用

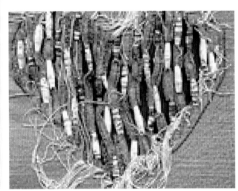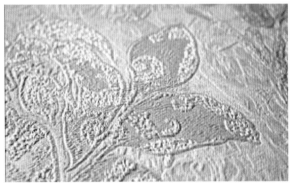

图 4-28　减型肌理、立体肌理

3.借鉴人造物质造型、肌理和色彩，解构与重组

人类的发展，是在不断创造发明中诞生出为人类所需的各种用途和形态的物质。设计师的设计构思，往往会暂时摆脱其本身的实用性和审美性的束缚而加以借鉴，从各种人造物质的外观整体或局部形态来激发灵感。如建筑造型的立面肌理和色彩；工业产品的造型、图案形象、形式、肌理和色彩等，如图4-29所示。

4.流行事物的借鉴

现代生活中，流行的生活元素时时刻刻被新的流行创想所更新，并在不断更新中繁衍生长。对于"流行元素"，要放开设计思路，不能只将其"流行元素"这一概念局限在某一个产品领域，因为它在人们的生活中无处不在。它看似远离你的生活或距离你的设计专业甚远，但会间接地激发你的创新点，这个创新点可能会在当时的瞬间发生，可能会在1个月以后的某一天发生，也可能会在你1年后的创作中突然闪现，如图4-30和图4-31所示。

图 4-29　创意肌理

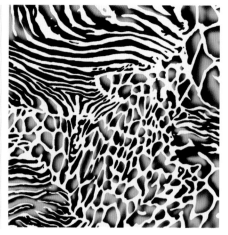

图4-30　电脑镂空肌理设计

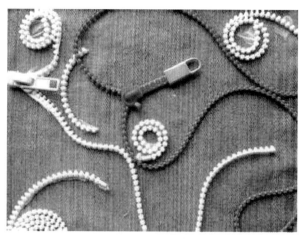

图4-31　拉链的造型设计

5.继承和重新认识传统文化元素

传统文化元素是几经历史考验所沉淀下来的文化精华，更是一个民族精神的形象化象征。如东西方历史文化元素、东西方民俗文化元素等，任何一个有着世界眼光的设计师，都会尊重它、研究它、发扬它和继承它，并用现代设计的多种手法给它注入新的认识和表现，如图4-32所示。

图4-32　传统工艺形式的应用

（二）锁定灵感，设定设计主题

设计师对物质的敏锐观察力是要长期不断培养的。这个培养就是要使自己学会对一切旁人可能忽视或并不热衷的事物满怀好奇心，并能做出自己独有的判断。不管是海滩上的一艘破船和一只搁浅海蜇，还是跳蚤市场上一个不起眼的小物，只要用求知的心去观察和体会，都能找到新的灵感。如破船的木纹肌理、色彩变化丰富而含蓄的海蜇，以及元素丰富的跳蚤市场上的小物，一旦有了观察点就会使新的设计灵感诞生。

（三）主题素材中的设计元素

从定下的设计主题中找到自己认为最能说明主题的主体元素，将它们变化成能设计运用的设计元素。其中包括了形象造型元素、色彩元素、肌理元素，重新进行变化与整合便成为系列化设计元素。

（四）面料的采集与各种制作工艺的选择

按主题与主题设计元素，采集与之相符合的面料和辅料，尝试各种制作工艺，并将其表现外观制作成实物样品。

（五）制作展示板

将所需内容归纳，整理在一块KT板上，便于下一步在设计过程中随时可以看到整体的设计主题，为的是不断提示下一步的设计必须围绕主题进行设计与描绘。

（六）画出设计图

按展示板的主体提示进行设计，画出设计稿后将符合主题的设计稿剪贴至展示板。

第三节　男童装面料对服装造型的影响

面料是服装构成的主体材料，面料的风格对服装的造型特征起着主要的作用。

一、不同材料的运用

1.光泽型面料

光泽型面料为表面有光泽的面料，由于光线有反射作用，能加大人体的膨胀感。童装中也常采用或搭配采用一些鲜艳光泽的面料，不仅为了配合儿童活泼灿烂的性格，同时也为了让大人们能够更加注意和保护儿童。比如在童装上搭配一些荧光色的条纹，夜晚车辆就比较容易注意到儿童，从而避免发生危险。光泽型面料在礼服的表演中造型自由度很广，可以有简洁的设计和较为夸张的造型，如图4-33所示。

图4-33　光泽型面料

2.无光泽面料

无光泽面料多为表面凹凸粗糙的吸光布料。一般面料的表面都有凹凸不平的成分，反射光线被吸收，于是形成无光泽的表面效果。无光泽的面料覆盖面非常广，可包括多种材质的面料，如图4-34所示。

图4-34　无光泽面料

3.厚重硬挺型面料

厚重硬挺型面料质地厚实挺括，有一定的体积感和扩张感，给人以稳重温暖的感受，并能形成丰满的服装轮廓。由于比较厚重，该料多用于秋冬季大衣或外套。如粗纺呢质地粗犷质朴，适合制作成年儿童休闲冬装外套。还可用于突出服装造型准确性的设计中，如西服、套装的设计，如图4-35所示。

图4-35　粗纺呢面料

图4-36　平整型面料

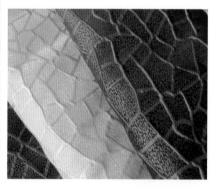

图4-37　立体感面料

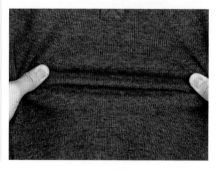

图4-38　弹性面料

4.轻薄柔软型面料

轻薄柔软型面料包括棉、丝和化纤织物，如乔其纱、柔姿纱、雪纺纱以及尼龙、透明塑料材料、真丝等。这种类型的材料多在春夏季童装中运用，比如近年来流行的防紫外线服装等。薄透型面料分为柔软飘逸和轻薄硬挺两种，进行造型设计时可根据不同的手感，选择与服装风格相适应的面料。

5.平整型面料

平整型面料表面缺少变化，如图4-36所示。在设计和缝制中要适当考虑加入压褶、抽褶、分割等工艺技法，对柔软的材料可进行斜裁，使之更加柔顺、服帖和悬垂。若是轻、薄、透的面料，可堆积使用，通过压褶、悬垂、覆层等表现手段，使之变化丰富起来；对厚重的面料，则较多使用分割线或装饰线的变化造型。

6.立体感面料

立体感面料是指表面具有明显肌理效果的面料，如图4-37所示。随着现代科技和纺织技术的发展，名目繁多的各种立体感面料越来越多地出现在设计中，成为许多服装的设计特色。立体感面料由于其本身就具有一定的体积感，在裁剪和缝制上会比普通面料有一点难度，而且还要突出面料本身的特色，所以多采用简洁的造型。

7.弹性面料

弹性面料主要是指针织面料，还包括尼龙、氨纶等纤维织成的织物，或者棉、麻、丝、毛等纤维与尼龙、氨纶混纺的织物，如图4-38所示。粗针织面料蓬松，具有体积感，适合夸张、宽松的造型，典型款式为儿童针织毛衣，给人以温暖柔和的感觉。细针织面料细腻柔软，款式简洁贴体，风格细致婉约。

8.绒毛型面料

是指表面起绒或有一定长度的细绒面料，具有丝光感，显得柔和温暖。绒毛型面料因材质不同而质感各异，在服装造型风格上也各有特点。

二、体型与面料选择

1.胖体型男童面料选择

材料的图案、色彩、质地与人体相结合会产生不同的视觉效果。为胖体型儿童设计的服饰，厚重、硬挺、粗犷的面料反而增加了其重量感；太轻薄飘逸的材料则容易暴露肌体的肥胖臃肿感，两种都不是最合适的材料。

2.瘦体型男童面料选择

为瘦体型的儿童设计服饰，根据情况采用或厚或薄的面料。较厚的面料能使服饰款式造型轮廓清晰，而且还能衬托体型，塑造出健壮的体型轮廓，如儿童套装就有着非常挺拔的轮廓，适合瘦体质的人群；轻薄的面料，通过多层次塑造或者抽褶等工艺手法，表现出飘逸的风格。

三、近年流行的男童装面料应用举例

1.像素化方格纹衬衫面料
见图4-39。

2.镀金图层面料
见图4-40。

3.套染方格纹面料
见图4-41。

4.条纹和圆点面料
见图4-42。

5.网眼面料
见图4-43。

6.矿物层纹理面料
见图4-44。

7.视觉变化效果的条纹面料
见图4-45。

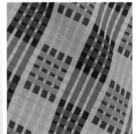

图4-39　像素化方格纹面料

图4-40　镀金图层面料

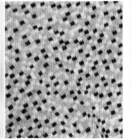

图4-41　套染方格纹面料　　　　　图4-42　条纹和圆点面料

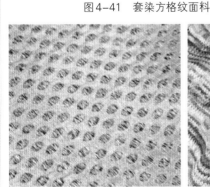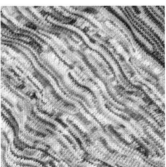

图4-43　网眼面料　　　图4-44　矿物层纹理面料　图4-45　视觉变化效果的条纹面料

第四节　童装面料的环保要求

童装是包括婴儿、幼儿、学龄儿童以及少年儿童等各年龄阶段儿童的着装。由于儿童的心理不成熟，好奇心强，且没有行为控制能力或者行为控制能力弱，而且儿童的身体发育较快、变化较大，所以童装面料设计比成年服装更强调装饰性、安全性、舒适性和功能性。

一、婴儿服装面料的选择

1.婴儿服装特点及要求

婴儿皮肤非常娇嫩，所以选择的面料要柔软、舒适。从生理特点上来看，婴儿通常爱出汗，排便功能并不健全，且对外界气温适应较慢，所以婴儿的爬爬服、连身衣、睡衣这类贴身衣物的面料不但要能快速吸汗，还要求耐洗涤、保热性高。

婴儿服装面料选择要注意面料安全性，尤其是甲醛含量、重金属残留及色牢度有严格要求。2005年国家就开始全面实施强制性标准GB18401—2003《国家产品基本安全技术规范》，该规范对服装的色牢度、甲醛含量、偶氮染料、气味、pH值5项健康安全指标做出了详细规定。新生儿符合规范的服装，要带有"GB18401—2003"标识，即将服饰纺织品分为A、B、C三类，其中A类为婴幼儿用品，其甲醛含量不得大于10mg/kg；B类为直接接触皮肤类的产品，其甲醛含量不得大于75mg/kg；C类为非直接接触皮肤的产品，其甲醛含量不得大于300mg/kg。染色牢度差的服装遇到水、汗渍或唾液时，颜料容易脱落褪色，颜料中的染料分子和重金属离子可能会被皮肤吸收，危害婴幼儿健康。

图4-46　婴幼儿服装的色彩和图案

图4-47　婴儿的服装面料

婴幼儿服装的色彩尽量简单、浅色、少印花图案，最好是白色无印花图案，如图4-46所示。一些婴幼儿服装的印花色彩鲜艳，而且有的是以涂料为主的染色和印花图案，如果控制不当，就可能存在着甲醛、可分解芳香胺染料等有害物质，穿着中会对呼吸道和皮肤造成伤害，损害婴幼儿身体健康。另外，提醒家长们，购买的婴幼儿服装最好先用温水清洗后再穿着。

2.婴儿服装面料的选择

以全棉织品中的绒布最为适宜。绒布手感柔软、保暖性强、无刺激性。另外，婴儿装也可以选用30s×40s细布或40s×40s纱府绸，其布面细密、柔软。纱线一般经过碱缩处理，面料的密度较疏松，手感柔软，如图4-47所示。

二、幼儿服装面料的选择

幼儿好动，因此幼儿服装穿在身上应舒适和便于活动。面料可选择全棉织品中的30s×40s细布、40s×40s纱府绸、泡泡纱、斜纹布、卡其布、中长花呢等，也可以选用化纤织品，如涤棉细布、涤棉巴厘纱等。秋冬季幼儿装要求耐脏、易洗，可选用平绒、灯芯绒、卡其布、各色花呢等，如图4-48所示。

图4-48　幼儿的服装面料

三、学龄儿童以及少年儿童服装面料的选择

这个年龄段的儿童活泼好动，因此在服装面料选择上既要活泼生动又要朴素大方，在质地上要求经济实惠。涤棉细布、色织涤棉细布、中长花呢、涤卡、灯芯绒、劳动布、坚固呢、涤纶哔叽等都是制作学生装的较好选择，如图4-49所示。比如衬衫的生产、购买选择要注意以下几点。

（1）没有经过有氧漂白处理和防霉防燃整理的衬衫比较健康。

（2）衬衫不应有霉味、汽油味及有毒的气味。

（3）衬衫不得使用可分解的有毒芳香胺染料、可致癌的染料和可能引起过敏感染的染料。

（4）衬衫中的甲醛、可提取的重金属含量、浸出液pH值、色牢度及杀虫剂的残留量都应符合直接接触皮肤的国家环保标准。一般来说，在为儿童挑选衣服时，尤其是具有成人风格的衬衫时，不仅要关注面料、款式、颜色等方面，还要考虑儿童的生长发育特点，尽量选购健康的衣服。

图4-49　学龄儿童的衬衫面料

第五章

男童装的色彩设计

在童装设计中，色彩是唤醒人视觉注意力的第一要素。大部分男童装都结构简单，因此一个好的配色直接影响到设计的整体效果。儿童是整个社会不可或缺的群体，他们活泼好动的特点为整个社会注入了无限的生机和活力。人们根据自然界的五彩斑斓，为儿童设计了众多丰富多变的色彩。整体来说，童装的色彩都趋于明亮、鲜艳、柔嫩。但不同阶段的儿童对色彩的认识和喜好又各不相同，再加上其他外在因素的影响，在不同时期流行色的影响下，童装的配色又出现了一定的差异。童装配色，既要有利于儿童的生长发育，又要有利于儿童的心理和个性发展，还要有利于儿童的启蒙教育。

第一节　男童装不同年龄阶段的色彩设计

一、婴儿服装

在婴儿时期，婴儿睡眠时间长，眼睛适应力较弱，视觉系统没有发育完善，服装的色彩太鲜艳、太刺眼就很容易让他们焦躁不安，所以应尽量少用大红色做衣料。混入白色降低纯度、提高明度的浅淡色彩是婴儿服装的主要选择。一般采用明度、彩度适中的浅色调，如白色、浅红粉色、浅柠檬黄、嫩黄、浅蓝、浅绿等，以映衬出婴幼儿纯真娇憨的可爱。而淡蓝、浅绿、粉色等则显得明丽、灿烂，白色显得纯洁干净，如图5-1所示。服装花纹也要小而清秀，经常使用浅蓝、粉红、奶黄等小花或小动物图案花纹，家长也很容易发现脏污以便进行及时的清理，如图5-2所示。

图5-1　婴儿服装色彩

图5-2　婴儿服装图案

二、幼儿服装

幼儿服装宜采用明度适中、鲜艳的明快色彩，与他们活泼好动、喜欢歌舞游戏的特征相协调。幼儿服装常采用鲜亮而活泼的对比色、三原色，给人以明朗、醒目和轻松感。如红色和黄色、橙色和绿色的搭配，由于这些色彩都含有各自不包含的色素，对比效果强烈饱满，生动活泼；又如红与绿、黄与紫、橙与蓝这三对补色，搭配合理则会产生醒目华丽的效果，如图5-3所示。如果采用低纯度高明度的配合，利用纯度差或者明度差也会创造出柔和的视觉效果。以色块进行镶拼、间隔，也可收到活泼可爱、色彩丰富的效果。如在育克、口袋、领子、膝盖等处使用

图5-3　幼儿服装色彩

鲜明色块拼接；或利用服装的分割线，以不同的色块相间隔。尤其是在柔和色系的童装中，将色彩块面与小碎花图案间隔拼接，也可产生极佳的服饰效果。

幼儿服装是否好看，装饰得是否得体到位，首先取决于色彩的搭配。幼儿服装色彩以鲜艳色调或耐脏色调为宜。在配色方面，除了延续一贯的高明度色彩以外，同种色、类似色的搭配或者加大色彩的明度差可产生明快活泼的效果，如深蓝和浅蓝的搭配，具有融合和统一的效果。邻近色的搭配体现冷暖色的对比关系，如草绿和翠绿的配合凸显了自然和亮丽的视觉效果。

三、小童服装

小童的服装色彩与幼儿相似，这时期的孩子具备好学好动的特点，喜欢看一些明度较高的鲜艳色彩，而不喜欢含灰度高的中性色调，如图5-4所示。设计时可选用一些明亮、鲜艳的色彩和比较醒目的富有童趣的卡通画、动物、花卉来进行装饰，以表达孩子们活泼、天真的特点。另外，也可以根据个人特点和需要选用浅色组。

图5-4　小童服装色彩

四、中童服装

中童正处于学龄期，进入小学后的儿童服装色彩要依场合而定。可以使用较鲜艳的色彩，但不宜用强烈的对比色调，主要出于安全和低龄学童的心理考虑，以免分散学生上课的注意力，如图5-5所示。一般可以利用调和的色彩取得悦目的效果，节日装色彩可以比较艳丽，校服色彩则要庄重大方。中童也存在体型和肤色上的千差万别，性别和年龄是穿着者服装色彩的生理依据之一，影响着装者对服装色彩的审美评价与偏爱。中童服装秋冬可选用深蓝、浅蓝与灰色、土黄与咖啡色，墨绿、暗红与亮灰；春夏宜采用明朗色彩，如白色与天蓝色、浅黄色与草绿色、粉红色与黄色等。另外，也可利用面料本身的图案与单色面料搭配。

CNCS® 008 25 02	CNCS® 048 70 00	CNCS® 087 55 17	CNCS® 066 60 27	CNCS® 047 85 37
CNCS® 008 90 00	CNCS® 136 65 07	CNCS® 136 45 17	CNCS® 136 65 17	CNCS® 144 75 17
CNCS® 154 65 32	CNCS® 152 55 12	CNCS® 152 55 17	CNCS® 008 75 07	CNCS® 008 90 00

图5-5　中童服装色彩

五、大童服装

大童服装的色彩多参考青年人服装的色彩，降低色彩明度和纯度。色彩所表达的语言和含义都要适合他们。少年装色彩主要表达积极向上、健康的精神面貌，但是又要比成年装的色彩显得有青春活力，因此灰度和明度也不能太低。夏季日常生活装可选择浅色偏冷的色调，冬季可选择深色偏暖的色调；学校制服颜色稍偏冷，色彩搭配要朴素大方，如白色、米色、咖啡色、深蓝色或墨绿色等色彩的搭配；运动装则可使用强对比色彩，如白色、蓝色、红色、黄色、黑色等的交叉搭配，如图5-6所示。

图5-6　大童服装色彩

科学家对儿童身心进行的基础研究表明，不同年龄段的儿童对色彩具有不同的心理承受和生理适应能力。儿童在2～3岁时视觉神经发育到可认识颜色，善于捕捉和注视鲜亮的色彩；发育到4～6岁，儿童的智力增长较快，基本可以认识四种以上的颜色，并能从浑浊暗色中判别明度较大的色彩；6～12岁是培养儿童德、智、体全面发展的关键时期，童装色彩的应用会直接影响到儿童的心理素质。专家通过观察试验发现，从小穿灰暗色调的孩子，易产生懦弱、羞怯、不合群的特征，如换上橘黄和桃红等鲜亮颜色的服装后，会改善孩子孤僻无助的心理状态；经常给小男孩穿紧身的深暗色服装，会使其容易躁动，并可能伴随"破坏癖"，如换上黄色和绿色温和色调系列的服装，男童的心态会趋向乖顺和听话。有效地应用童装的色彩，将对儿童的身心发育、个性成长产生潜移默化的影响。

第二节　男童装配色设计

一、男童装配色与服装材料之间的关系

目前，我们使用的纺织品类较多，但是同一花色，由于原料的性质不同，作为服装的效果也是不同的，如图5-7所示。例如橘红与米黄基本调和，制成童装在色彩上没什么问题，但是如果分别选用呢料和纱料制成上下两件的套裙，就会显得非常不协调。因此我们在配色时不但要考虑色调的搭配，而且要结合面料加以考虑。

图5-7　配色与服装材料的协调

二、男童装配色与儿童肤色、体型、年龄、性别之间的关系

皮肤洁白的儿童，一般来说不论配什么颜色都较适合，尤以选配鲜艳、明亮的色彩为佳。如穿粉色、黄色、红色，人会显得活泼、亮丽；穿灰色、黑色，人会显得清秀、雅致。皮肤较黄或青黄的儿童，在服装配色时应尽量避开黄色、灰黑色和墨绿色，而应选配柔和的色调，如红、橙等色，以使皮肤显得红润健康，否则会显得更黄。皮肤较黑的儿童，不宜选配深暗色的，而应选对比鲜明的色彩。按照一般服装配色规律，肤色越黑则越适合选用对比较强的色调，以使服装显得更鲜艳夺目。在体型上，长得胖的孩子宜少穿白色衣服，因为白色的介入会让人产生扩张和前倾的错觉；瘦弱的孩子最好少穿黑色衣服，以免显得更加瘦小。儿童的体型与童装色彩的搭配也具有一定的联系，较胖的宝宝要选冷色或深色系的服饰，比如灰、黑、蓝，因为冷色和暗色可以起到收缩的作用；瘦弱的宝宝通常选用暖色系服装，如绿色、米色和咖啡色等，这些颜色的扩张特点能给人以热烈的感觉，如图5-8～图5-10所示。

图5-8　儿童肤色与配色的关系

图5-9　非洲儿童服装配色　　　　图5-10　欧洲儿童服装配色

三、男童装配色与地区、季节、气候之间的关系

在寒冷地区，服装色彩就比较深一些，一般习惯于黑色、蓝色、紫色、深咖啡色等容易吸光的色彩；在炎热地区，则一般喜欢反光强的浅色调；又如风沙多的地区，由于浅色调不耐脏就不宜选用。

童装的色彩还要随着季节、气候的变换而变化。一般来说，春秋季节由于气候温和，则一般选用中性色调；夏季炎热则偏向于选用反光强的浅淡色调，能给人们带来一丝凉意；冬季则多选用吸光强的深色和暖色调，但是这也不是绝对的，有时为跟上流行色，也有应用浅色调和冷色调的，如白色和浅蓝色的滑雪衫也是深受欢迎的，如图5-11～图5-14所示。

图5-11　春季童装配色

图5-12　夏季童装配色

图5-13　秋季童装配色

图5-14　冬季童装配色

四、男童装配色中黑白灰的运用

现代童装设计中，传统的色彩理念已经发生了很大的变化。设计师也进行了大胆的尝试，在市场和消费需求的影响下，在众多鲜艳的童装色彩中，启用黑白色，以纯粹的颜色来衬托孩童的天真和稚嫩。多样化地运用黑白两极色彩通过不同的拼接镶嵌，点线面的不同搭配将黑白色灵活多变地运用到服装设计中，达到耳目一新的效果，黑白组合因此成为童装永恒的色彩搭配。另外，积极运用黑白色组合产生的灰色互动效应，在童装中也起到积极的调和作用，并得到了广泛的应用，无彩度颜色也构成童装市场的重要组成部分，如图5-15所示。

图5-15　男童装的无彩度配色

五、男童装色彩的民族性

在童装色彩的应用中，民族特色、地域特色的特征也十分明显。如法国为沿海国家，童装的色彩主流为海洋的中性色；意大利保护生态环境的文化意识也直接反映到童装中，频频可见绿色调；英国童装体现了浪漫、怀旧的风尚，大量使用了古典中性色的苏格兰格子红绒；德国城市绿色充盈，童装设计师们启用了黑白灰中性色调的整体呼应，从内衣到外衣、从帽子到鞋袜，形成和谐的统一。另外，具有民族特征的花饰和纹样依然活跃在童装舞台上。在我国民间，迄今仍有给婴儿穿大红大绿等辟邪趋福的裤袄的习俗，还有的给幼童穿一条裤腿为深蓝色、另一裤腿为深紫色的双色裤子，民俗意为"蓝（拦）紫（子）"。童装的颜色基本是从红、绿发展到以红黄蓝为主的三原色温和色调，传统的纹样和吉祥图案依然应用广泛。

六、男童装配色与流行色之间的关系

童装消费对应的是特殊年龄段的群体，童装的色彩也具有特定的内涵。童装色彩学包含着两个层面：一是童装流行色与地域时尚的联系，二是童装色彩与儿童心理与生理本身特性的联系。目前，世界先进国家对童装色彩的时尚与流行研究等同于成人服装流行色的研究。

"流行色"相对"常用色"而言，是指在一定的社会范围内、一段时间内群众中广泛流传的带有倾向性的色彩。如果一种时新色调受到当地人们的接受并风行起来，就可以称为地区性流行色；如果这种时新色调得到国际流行色委员会的一致通过，而向世界发布，这就是国际流行色。在纽约举办的国际儿童时装展每年要发布3次童装流行色的研究成果：每年3月发布当年夏、秋两季的流行色，8月发布圣诞节到第2年春天的冬季童装色彩，10月发布第2年春季的流行色趋向。流行色趋势研究，不仅宏观锁定了全球的童装色彩流行趋向，又突出了不同地域的童装色彩差异与特色；不但使服装厂商、面料商紧跟时尚潮流，也使消费者有"色"可循。

流行色的特点分为两个方面：一是时间。流行色是按春夏、秋冬的不同季节来发布的，它发生于极短的时间内；它可能影响该时代的色彩，但不足以改变该时代的色彩特征。二是空间性（亦称区域性）。不同的民族、不同的地域有着不同的民族个性和生存方式，表现在流行状态上也会有所差异，如图5-16和图5-17所示。

各国流行色专家不仅综合处理、宏观掌控全球童装的流行色彩趋势，同时兼顾不同地域童装色彩的差异和特色。如春季流行色五彩缤纷，地域特征强烈，但全球童装中性色调的趋向始终左右着主导色彩。红色系列中柔和的桃红、鲜嫩的粉红和浅淡的中度橙红相互交映；蓝色系列中的浅蓝是主流色彩，即使浓郁的传统的深蓝牛仔也通过洗水、石磨工艺实现了灰调的中度色彩系列，体现了春季童装的温馨、朝气和悦动。

儿童时装受流行色的影响较大，跟上色彩的国际流行也是时髦的标准之一。大多数童装在考虑儿童心理和生理需要的基础上，才考虑流行色的使用。

童装的色彩学除了研究流行时尚、指导市场消费外，更重视关系到儿童身心健康的基础研究，探索不同年龄段的儿童对色彩的心理承受能力和适应能力。儿童对于色彩具有潜意识的倾向性，有时即使很小的孩子也很难让他们接受"意料之外"的颜色。对颜色潜意识的选择和偏好可能反映了儿童内心世界的一些特征、深层的个性和气质特性。儿童对某种颜色极端的偏爱，往往在个性方面表现突出，这种个性往往是其优点和缺点爆发的突出点。父母和师长以此有的放矢，进行针对性的引导和改善，通过色彩的变换改善孩子的性格，可以塑造童年时期良好的个性发展空间。

此外，在特定的环境中童装色彩还起着呵护儿童的作用，比如孩子的雨衣经常使用鲜亮的醒目色彩，避免在雨天里发生交通意外。儿童上街不宜穿伪装色或色彩暗淡的服装，尤其要避免服装颜色与路、建筑物的颜色近似。服装的色彩要鲜艳，特别是雾天，应以穿红色、蓝色和黄色服装为宜，晚上以穿反光强的白色服装为宜或者在其着装色彩中加进反光材料和荧光物质，以引起行人和车辆的重视和警觉。

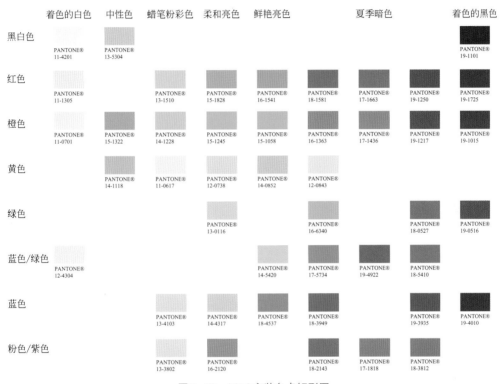

图5-16　2016童装色卡矩形图

图5-17　2016春夏男童装流行色

七、流行色呈现的色彩效应

见图5-18和图5-19。

流行色与色彩应用实例见图5-20和图5-21。

婴儿装

　　白色作为婴儿装的主要色彩，更清新更亮丽。从五颜六色的海洋世界获取灵感，由浅紫罗兰色、蜜桃色、亮水绿色和浅蓝色的灿烂色调来提亮色彩。

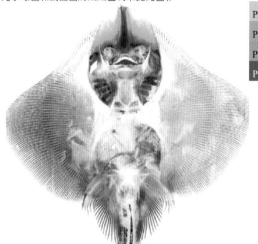

| PANTONE® 13-3802 |
| PANTONE® 14-1228 |
| PANTONE® 14-5420 |
| PANTONE® 18-4537 |

图5-18　2016婴儿装色彩应用

男童装

　　真假蓝黑色、紫荆蓝、浅蓝色和酷蓝色打造了似水生的感觉，适合盛夏度假服。由于霓虹色属不协调的色彩，所以由荧光橙色提亮色彩，打造超凡脱俗的绚烂色彩。

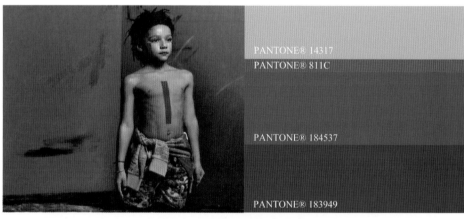

图5-19　2016男童装色彩应用

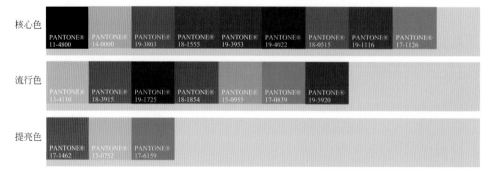

图5-20　2014～2015美国秋冬男童装流行色

图5-21　2014 ~ 2015美国秋冬男童装流行色色彩应用

八、男童装的色彩搭配

见图5-22和图5-23。

图5-22　男童装色彩运用与搭配

图5-23　男童装色系搭配

第六章

男童装的图案设计

第一节　男童装图案设计的种类

一、童装图案设计的特征

童装除了色彩鲜艳、质地柔软之外，图案的点缀和装饰也是一个重要方面。儿童热爱自然界中的花草、动物、鱼虫，对世界万物有着天生的好奇心。根据儿童心理特点，生动可爱的动物卡通图案是童装设计的典型图案。儿童生活在具体的物质世界之中，童装图案不仅具有审美功能，在一定程度上还担负着教育的作用，以促进儿童的身心成长。

二、男童装图案设计的分类

1.按图案形态分

童装图案可分为抽象图案和具象图案。抽象图案是对已有的具体形象用写实和写意表现手法进行变形和概括，是以平面构成原理及简单的几何形为基础，传达出一种抽象理念和美学形式，注重感觉的东西，只可意会不可言传，但运用得当却能让人感觉到某种强烈的震撼力。其中感性的抽象图案，自由、无序，注重感觉和情绪的表达，在儿童服装中运用较多。

根据儿童的心理特征，童装设计中多用具象图案。具象图案让人一眼就能看出其变化原型，分写实图案和变形图案，包括动物、人物、物品、花卉等，如图6-1所示。男童装中最常用的就是变形花卉和动物图案，卡通人物图案也很受欢迎。卡通图案的特点是造型夸张，使动物、人物的特征更为鲜明、更加典型并富有感情色彩，兼有叙事和传情的表达效果。如头像的夸张、神态的夸张、动作的夸张、环境的夸张等，追求既不失真而又变形，既夸张而又传神的新形体，同时也将儿童活泼好动、天真烂漫的天性表达得淋漓尽致。儿童服装的图案往往具有强烈的主观精神色彩，并以此创造出形式美和艺术美的艺术形象，有利于被儿童接受，产生某种情感上的共鸣，并激发想象力。

图6-1　具象图案

近年来，3D动物脸谱或其他部位以轻松俏皮的形式被应用于童装设计中。包括卫衣、连帽衫、睡衣，以及鞋子、帽子上的立体动物的嘴巴、耳朵和牙齿，用孩子们熟悉的动物赋予童装新的含义。从男童装到女童装，从婴幼儿童装到大童装，都适合这种设计。各种各样的动物图案得到广泛的使用，包括野生动物鲨鱼、犀牛、火烈鸟、熊猫、青蛙、猴子等，也有诸如小猫、小狗、鸭子和兔子这样的家养宠物，如图6-2所示。3D立体动物造型丰富了服装的构成形式，并弥补了休闲装和正装的区别。

2.按构成图形分

跟所有图案一样，男童装图案有单独形式、连续形式和群合形式之分。

单独形式的纹样又分为单独纹样和适合纹样，单独形式的纹样有填充、点缀的作用，多用在袖口、领口、肩部等位置。单独纹样比较独立，形式活泼，安放比较自由，表现比较丰富；适合纹样比较规整，多安放在正前胸的位置或正背面的位置，比较有气势，视觉冲击力强，如图6-3所示。

连续纹样分为二方连续纹样和四方连续纹样。二方连续纹样有线性装饰特点，适合做服装的边饰，如袖口、领边、底摆、脚口等，在民族风格服装中常见，如图6-4所示。四方连续纹样常用在满印图案的服装上，常见的是以具象变形图案为元素的四方连续，符合儿童心理特征。

群合纹样是由相同、相近或不同的许多形象无规律地组成带状或面状的图案，这种图案随意生动，表现夸张，适合运用在时髦的休闲童装中，给儿童增添别样趣味。

3.按工艺特点分

图案的工艺手法多种多样，不同的工艺特点赋予了图案截然不同的感觉和气质。对不同的工艺手法进行区分、了解，才能使不同工艺表现的图案服从于不同风格的服装要求。常见的童装图案有印染图案、绣花图案、织花图案等，如图6-5～图6-7所示。

印染图案是指用染料或颜料在纺织物上印制花纹而获得的图案。其中又分为印花、蜡染、扎染、夹染。印染图案表现力最为丰富，是男童装中常见的图案应用形式，儿童T恤衫、衬衫、休闲外套经常采用印染图案。

男童装中常用的绣花图案有贴花绣、挖花绣、绒绣、丝绣等。这些独特的工艺处理，给童装增添了更多的可爱和新颖。

图6-2　3D动物图案

图6-3　单独形式的纹样

图6-4　连续纹样

织花图案是指不同色彩的纱线，按一定的组织规律交织，形成的各种纹样图案。它分为编结纹样、棒针编织纹样、钩针编织纹样，多用于毛衣图案中。

图6-5　印染图案

图6-6　绣花图案　　　图6-7　织花图案

4.按图案内容分

　　童装图案分为文字图案和图形图案，如图6-8和图6-9所示。文字图案就是以字母、汉字等语言文字的字形为基础，进行各种变形、美化和装饰的图案。文字图案既可以作为一种标识，又可以表达一种概念，有着丰富的理性内涵；同时，以文字为基本形还可以进行各种各样的变形和美化，塑造风格各异的图形形象。文字图案在童装中以装饰性为主，造型可爱，内容简单健康。图形图案是除文字以外的象形图案，在童装设计中最易被儿童接受和认可。也有把文字图案和图形图案相结合，使图案设计内容更加层次丰富、内容丰满。

图6-8　字母图案　　　图6-9　图形图案

第二节　男童装图案设计的方法

一、童装图案设计的三大原则

　　服装的图案设计是一项综合思考的艺术创造，不仅需要想法，而且还要考虑怎样把想法实现在服装上。这个复杂而艰难的创造过程，需要灵感和冲动，也需要对专业知识和操作规则有一定认知。在童装图案设计中亦是如此，设计时要把握以下三大原则。

　　1.以服从整体服装的统一性为前提

　　服饰图案应用的意义在于增强服饰的艺术魅力和精神内涵。同时，图案始终是服装的一部分，无论从材料、制作工艺、实用功能、适用环境、穿着对象，还是款式风格等方面的规定性来看，都必须从属于整体服装，不能跟整体服装的规定性相冲突。在跟整体服饰规定性相统一协调的情况下，强调整体服装的规定性为前提，如图6-10所示。

　　2.遵循服饰图案自身规律

　　服饰图案具有不以个人的意志为转移的普遍性规律。比如，从材料和工艺特点上来看，各种材料和工艺制作都有特定的属性和"表情"，如贴布绣，以这种材料和工艺创作的图案，强调的是手工、休闲、可爱的感觉。如果采用在皮革上贴布绣的材料工艺，就很难表达可爱的感觉。再如从装饰布局来看，在服装上的图案，对称的、中心式布局显得端庄；平衡的、多点状布局趋于活泼、轻松；不平衡的、突兀的布局则能造成一种新奇、颖异的装饰效果。童装常采用能营造新奇、颖异感觉的不平衡、突兀的图案布局，也常用中心式布局的图案，强调和夸张图案的个性，如图6-11所示。在童装图案设计中，通常采用能表达儿童天真活泼个性语言的图案，根据图案本身特定的属性，准确地选择能表达设计意图的合适图案。

图6-10　整体图案设计

3.以实现服饰的价值为目的

服饰的价值包括实用和审美两个方面。实用价值即服饰适应穿着的场合，使人们穿戴得体。所以，图案的装饰部位、手段形式、材料选择都应以实用性能的充分实现为先决条件。服饰审美价值在于让人们赏心悦目，得到精神上的享受。图案不仅要体现自身的美感，更要强调服饰图案的审美追求，要服从服饰的整体审美规划，要以衬托、强化以至提升服饰的整体审美价值为目的。我们看童装图案色彩鲜艳，造型夸张卡通，这也往往是为了符合儿童心理和生理特征而进行的选择，如图6-12所示。

图6-11　贴布绣

图6-12　卡通图案

二、童装图案的设计过程

童装图案的设计过程跟所有服饰图案的设计程序一样，通常分为两步：一是构思，一是表达。构思是设计者在动手设计之前的思考与酝酿过程，是在观念中规划设计意向、营造艺术形象。表达则是设计者通过一定的造型技巧和物质材料，将观念中的艺术形象转化为可视可感的现实形象。即构思是前提，表达是结果。

（一）构思

服饰图案设计必先经过构思，即针对使用要求和着装对象考虑如何选用素材，如何组织构图，如何塑造、表现形象，还包括对使用功能、材料及工艺制作等方面问题的思考。灵感往往是在深入思考、反复酝酿之后才能得到。在确立明晰的、合乎目的和要求的设计意向之后，才能准确把握整个设计过程。

（二）表达

服饰图案设计的表达包括案头表达和实物表达。

1.案头表达

是通过画设计图的方式表达设计师的设计意图。一般先将图案形象的描绘和装饰效果图表现于纸面，并常常附加一定的文字说明以充分表达设计意图，如图6-13所示。

2.实物表达

是将设计师的方案最终付诸实现，制作出来。这种表达方式使图案更直观、真实地表现出来。在这一过程中也可以对材料、工艺进行进一步探索，从而得到最符合设计意图、最接近实际生产要求的图案设计。有时，这需要生产者、制作者配合设计师来共同完成。

图6-13 图案设计款式图

三、男童装图案设计的要点

童装的图案设计，是一个需要深思熟虑、反复推敲的创作过程。要想更好地表达设计思想，使图案更完美地与整体服装相结合，并起到画龙点睛的艺术升华作用，足够的经验积累及对这一基本要领的把握必不可少。童装图案的设计要点可归纳为以下四点。

1.适应整体服装的功能

服饰图案应从属于并突出服装的特定功能，与之相统一协调。如冬天的童装有保暖功用，图案设计也要适应整体服装的这种功能，表现温暖的感觉，如用暖色调的配色，用毛、皮、重金属等工艺材料进行制作，力求给人以厚实、暖和的心理感觉，如图6-14所示；夏天的童装散热排汗的功能放在首位，图案同样要服从于这一功能，尽量用清爽的配色，适应面料尽量单薄的工艺，如图6-15所示。

图6-14 男童装冬装设计

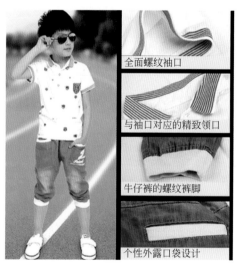

图6-15 男童装夏装设计

2.与整体服装统一风格

服装风格千变万化，不论是设计者、生产者还是使用者，由于受时代氛围的熏染、民族文化的陶冶以及个人审美情趣的影响，总会对服装的风格表露出自己的追求和倾向。作为服装重要组成部分之一的服饰图案，在与其他因素保持和谐统一关系的前提下，才能实现装饰意义，并以相应的风格面貌对服装的整体风格起到渲染、强调的作用。如童装中的牛仔服，风格特点始终是质朴、粗犷、充满朝气和活力，图案装饰常用手段如拉毛、抽丝、压印、机绣、拼接等，常用材料如皮革、铆钉、铜牌、其他粗布等，常用形象如牛头、花卉、文字、抽象形等，都服从于服装本身的固有风格，并且极力渲染、强调这些固有特点，如图6-16和图6-17所示。

3.与服装款式和结构相贴切

服装款式就好比图案的外框架，图案设计就好像做"适合图案"，必须接受款式的限定，并以相应的形式去体现其限定性。比如款式宽松的休闲T恤，可供装饰的面积也较大，因此图案布局常常也饱满宽大，色彩鲜明；服装结构作为支撑服装形象的内在框架，对图案形象和装饰部位也有严格的限制，图案设计同时也要适合结构线围成的特定空间，如图6-18所示。

图6-16　民族风图案　　图6-17　复古学院运动风图案

图6-18　T恤图案设计

4.选择恰当的位置

图案的位置不仅要考虑图案与服装的关系，更要考虑图案与人的关系。服装上可装饰的部位很多，单就上衣而言，就有领、袖、肩、胸、背、腰、下摆、边缘等。在人们的习惯心理和审美观念的影响下，同样的图案在不同的部位进行装饰，往往会产生不同的视觉效果，反映不同的精神风貌，引起迥然相异的心理联想和审美评价。

第三节　男童装图案设计的应用

一、童装图案的运用形式

图案的运用形式分为对称形式、平衡形式、适合形式。

图6-19　对称形式

图6-20　平衡形式

图6-21　适合形式

图6-22　单件图案装饰

1.对称形式

由于人体结构是基本对称的，服装的边缘、襟边、领部、袖口、口袋边、裤脚口、裤侧缝、肩部、臀侧部、体侧部、下摆等部位进行的装饰，一般采用对称的形式。增强服装的轮廓感，体现稳健、安定的特点。这种饰边图案装饰性十分强，在童装设计中使用较为谨慎，避免出现太过死板的感觉，一般在民族风格服装中常用这种图案形式，如图6-19所示。

2.平衡形式

是对称的结构作平衡的动态或形态变化。通过"同形等量"或"异形等量"的手法在人体服装上达到一种平衡的视觉效果，如图6-20所示。

3.适合形式

适合就是以一个或几个完整的图案形象，恰到好处地安排在一个完整的服装廓形内。这个轮廓可大可小，大到整个衣片、整个后肩部，小到一片领子、一个口袋、一只袖克夫等，如图6-21所示。

二、童装的总体图案装饰设计

童装的总体图案装饰设计类型分为单件装饰、配套装饰和系列装饰三种。

（一）单件图案装饰

重点在于对单件服装、单个配件本身风格特点的把握和塑造，是一种最常见、最基本也较为单纯的设计。它只考虑单件服装或配饰的风格特点，设计自由度很大，是一种可塑性强、适应性广，又相对独立的设计，如图6-22所示。

（二）配套图案装饰

指以相似或相同的图案将服饰的各个部分有机地联系、组合起来，从而形成一种固定搭配的装饰设计。这种设计一般有一个装饰中心或主调，其他部分则是呼应、衬托，以追求整体的协调性和完整感。比如上衣和帽子用同一图案基调统一起来，形成固定搭配。配套服饰图案设计的关键在于对关系的处理和装饰重心的确定。若装饰重心放在视觉中心的部位，可以取得较为庄重、典雅的效果；若要取得新颖、别致的效果，则要将装饰中心偏离视觉中心，减弱甚至取消图案的主从关系，如图6-23所示。

图6-23　配套图案装饰

（三）系列图案装饰

指多套服装通过一定的装饰图案而取得紧密的联系，相互呼应形成一个系列，同时每套衣服又是完整和独立的。

1.同图案的不同款式

见图6-24。

2.同款式的不同图案

见图6-25。

3.同款式、图案的不同颜色

见图6-26。

图6-24　同图案的不同款式　　　　　图6-25　同款式的不同图案

图6-26　同款式、图案的不同颜色

三、流行图案的设计要素与趋势分析

1.中国瓷器元素

简洁流畅，受手绘瓷器影响，具有极强的视觉冲击效果，为面料表面增添纹理质感，是印花和绣花的绝佳图案，如图6-27所示。

2.非洲元素

传统的蜡防印花结合依卡特扎染绸，色彩绚丽，散发浓郁的异域风情，令人目眩神迷，如图6-28所示。

3.传统的涡纹

版画式泪滴形佩斯利涡纹具有密集的纹理，运用柔和单色或同色系配色原理，散发出淡淡的波西米亚风情，如图6-29所示。

图6-27　手绘图案元素

图6-28　非洲元素

图6-29　版画式元素

4.哥特风巴洛克

做旧效果的纹理表面，爬行动物质感的花纹与面料，腐蚀金属、亚光金色和铜色打造独一无二的感觉，如图6-30所示。

5.热带乐园

热带阔叶植物和花卉的数码图案仍是市场的主打，现代风格构图、异域花卉、热带的鸟类图案是这一系列的主体形式，如图6-31所示。

6.新颖元素

校园运动队文字重叠在花卉图案上，滤镜处理的图像、色彩鲜艳的头骨图案构成新型印花的新概念元素，如图6-32所示。

图6-30 哥特风巴洛克元素

图6-31 热带雨林元素

图6-32 新概念元素

第七章

男童装的部件设计

第一节　男童装衣领设计

衣领是服装上至关重要的部分，因为接近人的头部，映衬着人的脸部，所以很容易成为视线集中的焦点。领子在童装造型中起着重要的作用。童装的领型设计首先要考虑儿童的体型特征，儿童的头部较大，颈短细而肩窄，所以衣领以不脱离脖子为宜，领座也不能太高；幼儿期的孩子脖子较短，大多宜选用无领的款式，也可选用领腰低的领型；进入学龄期以后的儿童，要依其脸型和个性的不同，选择各种合适的领型。如果款式需要抬高其领座，也要以不妨碍颈部的活动为准则。

衣领的设计以人体颈部结构为基准，通常要参照人体颈部的四个基准点，即颈前中点、颈后中点、颈侧点、肩端点。颈前中点也叫颈窝点，是锁骨中心处凹陷的部位；颈后中点是后背脊椎在颈部凸起的部位；颈侧点是前后颈宽中间稍偏后的部位；肩端点是肩臂转折处凸起的部位。

一、领子的分类

领型是服装整体造型中的一个重要组成部件，领圈线的深、浅、宽、窄以及领圈上千变万化的领片造型构成了丰富的衣领领型。衣领结构的设计主要包括领窝线和领片两部分的设计。具体分类标准：按照着装方式可以分为关门领和开门领；按照领幅的大小可以分为小领、中领和大领；按照衣领的高低可以分为高领、中领和低领；按照衣领的纸样结构可以大致分为连身领、立领、翻领、平领、驳领和帽领等。

（一）无领式领型

是指衣身上没有领片，其领口的形状就是领型。无领是最简单、最基本的一种领型，多用于儿童夏装、内衣、婴幼儿服装以及 T 恤等类别的服装。

（二）装领式领型

领子由领圈和领片两部分组成，与服装的整体风格相结合，变化多种多样，应用极为广泛。多用于衬衫、外衣、家居服、风衣、大衣、卫衣、棉衣等多种类别的服装。

1. 立领

是指领片围绕在脖颈上的领型，一般前后均可开口。立领的外口形状有直形、圆形等多种造型。由于它对儿童的颈部具有一定的保护作用和舒适感，因而较少出现在休闲款式中，一般多用于中式童装，在衬衫中应用较多。

2. 翻领

在男童装中运用极为广泛，是指领面沿翻折线翻折形成领面、领座两部分结构的一种领型。有的领型领底部分非常小，基本上平铺覆盖在人体的肩部，这样的领型被称为平领。翻领的变化丰富，因而结构相对比较复杂，多用于风衣、大衣、衬衫上。

3. 翻驳领

翻驳领由翻领和驳领两部分组成。既具有翻领功能，又多了一个与衣片相连的驳头。驳领的形状由领座、翻折线、驳头三个部分决定。驳头指衣片上向外翻折出的部分，其长短、宽窄、方向高低可以灵活变化。翻驳领多用于外套、西装、风衣、大衣、制服上。

4. 帽领

连身帽领是将帽子与衣身相连的款式，帽子可以披在肩头，也可以戴在头上，即帽身与翻领的组合。另外，帽子上可以装饰拉链、毛边条等。婴幼儿的帽子有的设计成图案或者卡通动物形式，充分满足了儿童的童趣要求。帽领多用于卫衣、运动装、校服上。

二、衣领的结构设计方法

男童装领型设计的自由度比较大，可以设计成或复杂，或简洁，或夸张，或随意等多种造型形态。常见的一种通常采用以前中心线为对称轴，两边成对称状的领型，实现造型上的平衡美。另外一种是打破固有的平衡，采用不对称结构设计，使造型整体更为独特、富于变化。领型的结构设计方法很多，同成人服装一样，可以采用平面裁剪和立体裁剪的配领方法。

（一）平面裁剪配领法

平面裁剪配领法简单易学，通过平面制图绘制基本状态，再运用切、展、拉伸、折叠、连接等手法进行配领，适用于品种固定或者造型变化比较少的服装。

1. 领片单独制领

常用于立领和翻领等，领片领座下口线的起翘量决定结构，起翘越大，领片的弯度就越大。

2. 领片与衣片相连

翻驳领、帽领等款式常需要这样绘制。领片向后下方倾斜的倒伏量决定领型的结构，倒伏量越大，领片的弯曲幅度就越大。

3. 肩线折叠法

领座较低的平领常用这种方法，如海军领等，是由领片的底线与领口线的曲度差异来达到配领的目的。前后衣片在肩部折叠的量越多，领口线的曲度就越小，成型后领子造型也越挺拔。

4. 纸样切展配领

是通过对纸样的切展、拉伸、变形以及修正来达到造型效果。如褶皱领、波浪领等特殊的领型均通过这样的方法来实现。

（二）立体裁剪配领法

立体裁剪配领法是在标准人台上将面料围成所设计的领型，并用针固定做好标记，然后裁剪面料，得到衣领的裁片。可以在操作过程中进行适时的调整，随时观察造型与服装整体的关系，以达到最佳造型的目的。但是相对来说耗时较长，难以适应现代化大工业生产需求，所以常在特殊、奇特、难度大、造型程度高的情况下使用。在实际制版过程中，这两种配领方法经常相互借鉴使用。

三、男童装衣领设计要点

在漫长的服装演变过程中，领子的出现起先是为了实现肩部和颈部的过渡，并起到一定的保暖防御作用，后来又注入了流行与设计要素，使领子具有更深刻的内涵和现实意义，充分体现了创意空间和个性色彩。领子的设计不但要兼顾与人体的关系，还要充分把握领子与服装整体造型的联系，以及流行趋势的影响，使服装具有部件美、整体美、款式美和时代美。衣领设计主要注意以下几点。

1.领型设计要符合儿童颈部结构和活动特点

人体的颈部呈上细、下粗的圆台状，不同阶段的儿童呈现出来的圆台造型也不相同。6个月以下的婴儿颈部极短，到1岁时颈部开始发育成型，2～3岁时颈部逐渐发育拉长，形状分明。从侧面看，颈部略向前倾，因此在结构设计时前领的深度要大于后领。儿童在活动的时候，颈上中部的摆动幅度大于颈根部，因此一般领子的设计是上领尺寸小、下领尺寸大，后领脚宽、前领脚小的形式，以满足穿着者的舒适感。在进行领型造型设计时，应根据不同年龄段的儿童发育特点和颈部活动规律来确定领圈和领片的造型。

一般男童装的衣领设计以不过分脱离颈部为宜，领座也不宜太高。幼儿期，儿童的脖子短，尽可能选择无领式或者低领座的翻领结构；到了学童期，应根据儿童的脸型、个性和喜好的不同进行领型的选择。

2.领型设计要符合季节变化

儿童的皮肤娇嫩，新陈代谢比较旺盛，因此领型的设计要充分考虑保护、御寒的实用功能。秋冬季以护颈、防风、防寒为目的，领宽与领深适当加大，可以搭配围巾使用；夏季主要考虑孩子的排汗和透气以及适当的防暑和紫外线，领口加大加深时不宜太脱离颈部。

3.领型应符合服装的整体造型

在进行童装领子造型的设计时，不但要注意与人体关系保持一致，还要注意与整体造型、各部件设计以及整体轮廓表现的特点相符合。一般外衣和宽松型服装，宜选用高领座、加宽翻领的领型，内衣和合体性服装一般选用窄小领型。另外，还要注意领型与衣身各细部结构的造型关系。比如领型与分割线、口袋的形状、门襟的形状、底摆的形状之间的整体协调和平衡，这样才能做到体现出服装的整体美感和孩子们活泼天真的特点。

4.领型设计要充分满足儿童及家长的消费心理和审美需求

服装的款式可以弥补身材上的不足，领型也具有不同的美感，主要体现在造型、服装材料和装饰工艺上。一般来说，曲线造型的衣领显得可爱、华丽；直线造型的领型流畅、干练；领口较大时显得宽松、洒脱、活泼、自然；领口较小时相对拘谨、严谨、正式。同样的领型，不同的材质，外观效果截然不同。因此在进行领型设计时，要根据不同的年龄、不同的审美习惯进行设计。

5.衣领搭配技巧与原则

衣领处在服装中的显著位置，也是装饰的主要部位。合体的服装配上适宜的领型才能恰如其分地起到装饰人体的作用。衣领的作用主要表现在两个方面：衣领的廓型同人脸型的和谐配合，可以使脸部更为生动；衣领的造型同服装风格的流行趋势相吻合，可以提升人的时尚感、现代感。衣领的配用除了满足装饰性和实用性的要求外，通常还借助于面料的特性和缝制工艺中的特殊处理手段，赋予服装丰富的表现力。

通常情况下，脸部、颈部较长的人，使用领口开度较小的圆领、立领或装饰性的立领等，圆脸颈短的人适合开度较大的V形领、U形领等。领型必须与服装的整体风格相一致，关键在于衣领的比例、颜色、大小、廓型以及材质等。

衣领的比例根据服装用料的厚度和松度来确定，一般夏季服装多搭配各种宽度的衣领；厚型的冬装多配合较宽或较高的衣领才与宽松的服装相协调，并给人以温暖的感觉，不宜采用过窄的领型。对于同种领型，外套的领口开度应大于内穿的套装衣领的领口开度和宽度，才能与其松度相符。

四、领型结构分析与变化

（一）领圈结构设计与分析

围绕领圈进行结构设计一般有两种情况。一般直接在领圈上进行造型设计，是没有领片的领型结构。如家居服、圆领衫、小背心、马甲等服装。这种设计使领圈对颈部没有束缚，适合儿童颈部较短的生理特征，穿着舒适、随意，在童装设计中应用十分广泛，也被称为无领式领型。领圈的结构设计比较简单，主要注意以下内容。

（1）原型的领窝是儿童领窝的最小尺寸，在设计时不能小于这个尺寸。

（2）当领口的尺寸小于头围时，应考虑设计开口；当领口大于头围时，可以不设计开口。儿童的头部规格相对比较大，一定要保持足够的舒适度，开口设计要结合面料的弹性因素考虑。

（3）无领式领型扩展范围一般不宜过分夸张，以免破坏整体的均衡感。

（二）影响衣领造型的结构设计因素

1.衣身的领口弧线

与领子缝合的衣身领口弧线，一般设计成与脖颈根部形态基本符合的形状，也可以按照服装造型进行综合设计。

2.颈部形状和运动

领子连接着人体的颈部、肩部和胸部，反映了人体的静态尺寸和动态关系。如颈部的长度、粗细、围度以及颈部的倾斜度、肩斜度等相互间的关系，考虑颈部在伸屈、回转等运动状态下领子的受力和压迫等因素的影响。

3.对人体的保护

领口位于衣服上端的开口部位，可起到调节服装内部环境温度的作用。特别是儿童，对服装的冷暖变化要求很高，对领口的结构要求既要保证颈部舒适，又要充分考虑适应环境温度，便于及时添减衣物，佩戴围巾及其他服饰用品。

4.服装的穿脱方便

童装领子设计过程中，还要考虑在穿脱衣服时一些功能性的设计。比如，套头服装中，开口的设计必须兼顾比颈围尺寸大很多的头围，再进行适当的结构处理，以保证服装的合理性和适体性。

五、衣领的设计

（一）无领设计

无领也就是衣身上没有加装领片的领子，其领口的线型就是领型。无领是领型中最简单、最基础的一种，以丰富的领围线造型作为领型；领型保持服装的原始形态或者进行装饰变化和不同的工艺处理，简洁自然，展露颈部优美的弧线。无领型设计一般用于儿童夏装、内衣以及休闲T恤、毛衫等的领型设计上。最简单的东西往往最讲究其结构性，无领设计在服装领口与人体肩颈部的结合上要求很高，领线太低或太松则在低头弯腰时容易暴露前胸，领线太高或太紧又会让人感觉不舒服。因此，无领设计一定要注意其高低松紧的尺寸问题。通常的无领主要有圆形领、方形领、V形领、船形领、一字领等几种领型。

1.圆形领

圆形领又叫基本形领，造型特点是线形圆顺，是基本顺着服装原型领窝线作变动裁剪而成，与人体颈部自然吻合的一种领型。一般用于男童背心、外套、罩衫、内衣的设计，如图7-1所示。圆形领对结构设计有较高的要求，若设计不当，就会出现余量、起吊、不服帖等结构问题。

2.方形领

方形领也叫盆底领，也是直接在衣片原型的领窝上进行变化。其造型特点是领围线整体外观基本呈方形。这种领型可用于儿童背心、罩衫、衬衫、连体裤等，如图7-2所示。领口的大小、长短可随意调节，若要降低前领口线，须按自然肩点下来的斜线进行变化处理，领口可按需要做深浅变化。注意横开领不宜过大，同时保证前后领口符合。

3. V形领

V形领的外观呈V字母形。V形领分为开领式和封闭式两种，开领式多用在背心、外套、睡衣套服上；封闭式多用在毛衫、内衣上，如图7-3所示。

4. 船形领

船形领是近几年颇为流行的领型，因其形状像小船故而得名。由此我们便可以想象船形领在肩颈点处高翘，前胸处较为平顺且中心点相对较高。所以船形领在视觉上感觉横向宽大，雅致洒脱，多用于儿童针织衫、小外套等，如图7-4所示。

5. 一字领

是前后领圈呈现水平状态的领口，其领宽较大，为强调"一"字造型特征，在结构设计中经常缩短前领的深度，以此处理前片领口出现浮起的多余量，并采取肩线前移的方法。一字领与船形领有点相似，如把船形领的前领线提高，横开领加大，就变成一字领。一字领的前中通常高过颈前中点，这种领型给人以高雅含蓄之感。当然也有露肩一字形领，前胸开得就比较大，则显得比较妩媚柔和。多用于年龄较大的男童运动衫、休闲服、内衣等款式上，也适合于年龄较大的女童。

6. 其他无领

领子的形状千变万化，极其丰富，前面讲到的是在设计中出现率最高、最基本的无领型领子。此外无领还有许多种形式，如U形、台形、心形、椭圆形、项链形等，如图7-5所示。这些领型也都是对领圈在原型的基础领窝上进行造型变化，在结构设计时按具体的服装款式、适当的比例关系确定领口的宽度、深度，并按照仿形的方法确定出领口的形状。

图7-1　男童圆形领

图7-2　男童方形领

图7-3　男童V形领

图7-4　男童船形领

图7-5　男童其他无领

（二）连身出领设计

连身出领是指从衣身上延伸出来的领子，从外表看像装领设计，但却没有装领设计中领子与衣身的连接线。它是把衣片加长至领部，然后通过收省、捏褶等工艺手法与领部结构相符合的领型。这种领型含蓄典雅，也是近几年较为流行时尚的一种领型，如图7-6所示。但是由于低龄儿童颈部较短，所以这种领型一般适合于青少年外套、夹克、派克服等。

连身出领的变化范围较小，因为其工艺结构有一定的局限性，造型时为了使之符合脖子结构，就需要加省或褶裥，而且还要考虑面料的造型性，太软的面料挺不起来就要运用工艺手段，但是考虑到与脖子接触面料也不宜太硬。

图7-6　连身出领

（三）装领设计

装领是指领子与衣身分开单独装上去的领型。装领一般采用与衣身相同的材料，有时为了设计要求也会换用别的面料或色彩，或者通过某种工艺手法的处理。装领一般是与衣身缝合在一起，但也有出于某种设计目的而通过按钮、纽扣等装上去的活领。如风衣或羽绒服上的连帽领，通常都是可以脱卸的。

装领的外观形式十分丰富，通常由几个决定因素：领座的高度、领子的高度、翻折线的特点以及领外边缘线的造型。前后横开领是领型结构设计的重要部分，决定着领子的合体性。在翻领设计中，翻折线直接决定着领子是否翻得过来以及领子的外观形状。此外，领尖、领面的装饰、领形的宽度等因素对领子也有一定的影响。

根据其结构特征，装领主要可分为立领、翻领、驳领和平贴领等。

1.立领

立领是服装中重要的一种领型。它不但具有较强的装饰性，而且造型简洁，实用性强，是我国服装史上流行时间最长的一种领型。在男童装设计中应用广泛，同时对其他衣领结构设计具有普遍的指导意义。为了便于穿脱，立领都要有开口，且以中开居多。但也有侧开和后开，通常侧开和后开从正面看更优雅、整体感更强。立领的外边缘形状也很多样化，如圆形、直形、皱褶形、层叠形等。根据服装风格设计师可自行调节变化，还可与面料结合创新出一些造型。由于这种领型穿上后有一定的束缚感，限制了儿童脖子的自由活动，气候闷热时不利于气流的流通，所以幼童服装中很少使用，多用于中式童装，儿童的棉袄、卫衣、衬衫以及表演服装等，如图7-7所示。

图7-7　男童立领

2. 翻领

翻领是领面外翻的一种领型。它是将领片直接缝合在领圈上，自然形成领座和翻领的一种领型。有加领台和不加领台两种形式，加不加领台根据个人喜好或服装风格而定。翻领的外形线变化范围非常广泛自由，领面的宽度、领的造型以及领角的大小等都可根据设计的要求酌量加减。翻领可以与帽子相连，形成连帽领，兼具两者之功能，还可以加花边、镂空、刺绣等。翻领设计中得特别注意翻折线的位置，翻折线的位置找不准，翻过来的领子就会不平整。前衣身的领口要抬高一些，以避免领子会浮离脖子。这是最富有变化、应用最广、范围最大的一种领型。在男童装中运用极为广泛，如夹克、外套、衬衫、学生装、风衣、大衣等款式中，是适合表达男孩特点，并得到他们认可的一种构领形式，如图7-8所示。

图7-8　男童翻领

3. 驳领

严格地讲，驳领也是翻折领的一种，但同通常意义上的翻领相比较又很不一样，所以在服装设计中经常被单独列出作为一种领型。例如驳头向上为戗驳领，向下则是平驳领，变宽比较休闲，变窄则比较职业化。此外，驳头与驳领接口的位置、驳领止口线的位置等对领型都会有很大的影响，不同风格的服装对此有不同的要求，小驳领比较优雅秀气，大驳领比较粗犷大气。驳领要求翻领在身体正面的部分与驳头要非常平整地相接，而且翻折线处还要平服地贴于颈部，所以结构工艺比较复杂。驳领在童装中一般应用于男童西装和演出服装，休闲小外套也会有所使用，如图7-9所示。

图7-9　男童驳领

4. 平贴领

平贴领是指一种仅有领面而没有领台的领型，整个领子平摊于肩背部或前胸，故又叫趴领或摊领。平贴领比较注重领面的大小、宽窄及领口线的形状。为了在装领时使领子平服以顺应衣身的拼合线，平贴领一般要从后中线处裁成两片。装领时两片领片从后中连接叫单片平贴领，在后中处断开叫双片平贴领。当然也有不裁成两片的，但是要在领圈处收省或抽褶才可以平服。平贴领的变化空间也很大，设计师完全可根据款式需要而定，可拉长或拉宽领型，可加边饰或领结、丝带，还可处理成双层或多层效果等。平贴领还被称为"娃娃领"，从外形上看有前开和后开两种，广泛用于幼童服装以及衬衫、上衣、外套、学童制服等，如图7-10所示。

图7-10 平贴领型

六、影响领型设计的因素

1.着装者的影响

童装要求舒适，并且表现儿童的可爱，领子总体造型多为弧线型。同时，衣领有着衬托脸型的作用，根据着装者不同的特征，设计时采用不同的领型，运用视错原理修饰脸型的不足。如圆脸的儿童应设计V形领，尖脸的儿童适合翻领、小圆领等。

2.季节和流行的影响

夏季的童装多采用无驳领、开口领等造型，而冬季多采用立领、大翻领、关门领等领型。根据外界气温的高低，不同的领型可相应地调节人体温度。童装对流行的敏感度不如成人服装，但也有非常多的童装设计紧跟成人流行时尚，非常时髦。领型是反映流行趋势的重点因素，比如说童装小西服的翻驳领，当市场上流行宽驳头的时候，窄驳头就显得不合时宜了，反之亦然。领型的设计一定要结合流行时尚，才是成功的设计。

3.材料质感的影响

在相同的款式上，不同质感的面料赋予服装截然不同的感觉。柔软的面料贴身流畅，适合设计波浪领和叠领，但是男童装中应用很少；硬质织物会形成直线棱角的轮廓造型，善于表现挺拔刚健的风采，常用于设计童装小西装、小衬衫等领型。不同感觉的领型，应选用不同的面料。

4.装饰手法的影响

在童装领型设计中，运用不同的工艺手段，在很大程度上可增加领子的装饰效果。如运用异质面料的设计，即领子的面料或色彩与主体服装面料不一样，而与口袋、袖头等面料相呼应，在儿童装中常采用这种装饰手法。童装领型设计中常用工艺装饰手法表现儿童的特点，如运用绣花、包边、镶嵌等工艺装饰领型，表现俏皮、可爱的美感，如图7-11～图7-34所示。

图7-11 领底的色彩变化

图7-12 粗糙的领口裁剪

图7-13 领口边缘的未加工处理

图7-14 领面和包边的对比

图7-15　收缩式领口　　　图7-16　不对称领口　　　图7-17　对比青果领镶边　　　图7-18　双层领口结构

图7-19　领口的反面工艺　　图7-20　扣饰　　　　　图7-21　叠接几何图案　　　图7-22　衣领上的填充

图7-23　领上的镂空　　　　图7-24　羔羊皮的使用　　图7-25　兜帽式结构　　　　图7-26　皮革领面

图7-27　镂空微型图案　　　图7-28　抽绳蓬松效果　　图7-29　领口做旧处理　　　图7-30　手缝修补效果

图7-31　帽领　　　　图7-32　拼接针织效果　　　图7-33　领口与口袋　　　图7-34　撞色双排扣
　　　　　　　　　　　　　　　　　　　　　　　　　　　　 的撞色

第二节　男童装的衣袖设计

衣袖设计也是服装设计中非常重要的组成部分。上肢是人体活动最频繁、活动幅度最大的部位，通过肩、肘、腕等部位进行活动，从而带动上身各部位的动作发生改变；同时袖窿处特别是肩部和腋下是连接袖子和衣身最重要的部分，设计不合理就会妨碍人体运动。如果袖山高不够，将胳膊垂下时就会在上臂处出现太多皱褶或在肩头拉紧；袖山太高，胳膊就难以抬起，或者抬起时肩部余量太大，所以要求肩袖设计的适体性要好。另外，衣袖是服装上较大的部件，其形状一定要与服装整体相协调，如非常蓬松的外形加上紧身袖或筒形袖，其审美效果可能就不好，所以衣袖设计更要讲究装饰性和功能性的统一。

衣袖设计主要可分为袖山设计、袖身设计、袖口设计三部分。

一、袖山设计

袖山设计是从衣身与袖子的结构关系上进行的设计，据此可将袖子分为装袖、连身袖和插肩袖。

1. 装袖

装袖是袖子设计中应用最广泛的袖型，是服装中最为规范化的袖子。装袖是衣身与袖片分别裁剪，然后按照袖窿与袖山的对应点在臂根处缝合，袖山位置一般在肩端点附近上下移动。装袖的工艺要求很高，缝合时接缝一定要平顺，尤其在肩端点处，要成一条直线，而不能有角度出现。装袖的袖窿弧线与衣身的袖窿弧线要有一定的装接参数，装袖可以根据具体情况进行适当的变化。

装袖分为圆装袖和平装袖，还可以变化出泡泡袖、灯笼袖等。圆装袖一般为两片袖设计，多用于儿童西装和合体型儿童外套，如图7-35所示。平装袖与圆装袖结构原理一样，但不同的是袖山高度不高，袖窿较深且平直。平装袖多采用一片袖的裁剪方式，穿着宽松舒适、简洁大方，多用于儿童外套、风衣、夹克、大衣、衬衫之类的设计。

图7-35　男童装袖结构

2.连身袖

连身袖是起源最早的袖型，即从衣身上直接延伸下来的没有经过单独裁剪的袖型。连身袖的特点是宽松舒适、随意洒脱、易于活动，而且工艺简单，多用于儿童练功服、起居服、睡衣等，特别适合婴儿的服装，如图7-36所示。由于在肩部没有生硬的拼接缝，所以肩部平整圆顺，与衣身浑然一体、天衣无缝。但由于结构的原因，不可能像装袖那样合体，腋下往往有太多的余量、衣褶堆积。

随着服装流行的发展和工艺水平的提高，连身袖出现了很多变化形式，在结构上与人体结合得越来越密切，通过省道、褶裥、袖衩等辅助设计塑造出较接近人体的立体形态。

3.插肩袖

插肩袖是指袖子的袖山延伸到领围线或肩线的袖型。一般把延长至领围线的叫作全插肩袖，把延长至肩线的叫作半插肩袖。此外，根据服装的风格特点和设计目的不同，还可将插肩袖分为一片袖和两片袖。插肩袖的造型特点是袖型流畅修长、宽松舒展。插肩袖与衣身的拼接线可根据造型需要自由变化，如直线形、S线形、折线形以及波浪线形等，而且可以运用抽褶、包边、褶裥、省道等多种工艺手法。不同的插肩袖和不同的工艺有着不同的性格倾向，如抽褶、曲线、全插肩的设计，显得柔和优美，多用于童装的外套、大衣、风衣、毛衫等服装中；而直线、明缉线、半插肩设计，则会显得刚强有力，多用在男童的运动服、夹克、风衣、外套、牛仔装的设计中。插肩袖设计中所有的变化一定要考虑活动的需要，肩臂活动范围较大的服装，经常在袖下加袖衩。因为袖子缝合线无明确的规定，所以插肩袖对于正在成长的儿童尤其适合，如图7-37所示。

图7-36　男童连身袖结构

图7-37　男童插肩袖结构

二、袖身设计

袖身根据肥瘦可分为紧身袖、直筒袖和膨体袖。

1.紧身袖

紧身袖是指袖身形状紧贴手臂的袖子。紧身袖的特点是衬托手臂的形状，运动起来柔和优美，多用于儿童的健美服、练功服、舞蹈服等的设计中，或用于童装中毛衫、针织衫的设计。紧身袖通常使用弹性面料，如针织面料、尼龙或加莱卡的面料中。紧身袖一般是一片袖设计，造型简洁，工艺简单，如图7-38所示。

2.直筒袖

直筒袖是指袖身形状与人的手臂形状自然贴合、比较圆润的袖型。直筒袖的袖身肥瘦适中，迎合手臂自然前倾的状态，既要便于手臂的活动，又不显得烦琐拖沓。直筒袖由一片袖或两片袖组成，有的还在袖肘处收褶或进行其他工艺处理，以塑造理想的立体效果。儿童的外套、大衣、风衣、学童的学校制服等大多使用直筒袖，如图7-39所示。

图7-38　男童紧身袖　　　　　　　　图7-39　男童直筒袖

3.膨体袖

膨体袖是指袖身膨大宽松、比较夸张的袖子。膨体袖的袖身脱离手臂，与人体之间的空间较大，其特点是舒适自然、便于活动。膨体袖可分别在袖山、袖中及袖口等不同部位膨起，如灯笼袖、泡泡袖、羊腿袖等。膨体袖多采用柔软、悬垂性好、易于塑型的面料，在童装中的使用以女童为多，男童舞台表演装也有所使用。

三、袖口设计

袖口设计是袖子设计中一个不容易忽视的部分。袖口虽小，但是手的活动最为频繁，所以举手之间，袖子都会牵动人的视线，引人注意。袖口的分类方法也很多，一般按其宽度分为收紧式袖口和开放式袖口两大类。袖口的大小形状对袖子，甚至服装整体造型有着至关重要的影响。同时袖口还是一个功能性很强的设计，如对于舞蹈演员来说，其舞蹈服的袖口则不能收紧，以便于配合其舞蹈动作时袖子可以挥动自如；再如袖口还有调节体温的功能，冬装使用收紧式袖口可以保暖，夏装使用开放式袖口则可以凉爽一些。

1.收紧式袖口

收紧式袖口是在袖口处收紧的袖子。这类袖口一般使用纽结、袢带、袖开叉或松紧带等将袖口收起，具有比较利落、保暖的特点。在男童衬衫、T恤衫、夹克、羽绒服以及其他冬装中使用得比较多，如图7-40所示。

2.开放式袖口

开放式袖口就是将袖口呈松散状态自然散开。这类袖口可使手臂自由出入，具有洒脱灵活的特点。儿童外套、风衣、西装多采用这种袖口，很多袖口还敞开呈喇叭状，如图7-41所示。

无论是收紧式袖口还是开放式袖口，都可以根据位置、形态变化分为外翻式袖口、克夫袖口和装饰袖口等。

以上为常见的袖子的分类形式。此外，袖子还可根据长短分为长袖、七分袖、中袖、短袖以及无袖；或者从裁剪方式上分为一片袖和两片袖、三片袖等。童装的种类也很多，花样多变，不同的童装对袖子会有不同的要求，所以设计者要根据具体情况灵活设计，不同的袖山与袖身、袖口或者不同长短的袖子与不同肥瘦的袖子交叉搭配，就会变化出无以计数的袖子。同时，不同的服装风格、不同的流行趋势对肩袖也有不同的要求。一般来说，衣身合体的服装，使用装袖较多；衣身宽大松散的服装，使用插肩袖和连身袖较多。袖子的组合形状也很多，如羊腿袖、马蹄袖等，类似插肩的包肩袖、连领袖，介于插肩和装袖之间的露肩袖等。

图7-40　收紧式袖口　　　　　　　　　　　图7-41　开放式袖口

四、影响袖型设计的因素

1.服装整体风格对袖型设计的影响

袖型的设计应避免孤立地进行修身造型，重视与整体服装相协调，与领型相配合。袖型与整体服装的搭配有一定的规律性，如驳翻领的小西装正式合体，必须采用同样正式又合体的装袖设计；运动外套是宽松运动的感觉，需采用偏肥的运动空间大的袖型而不能采用窄瘦贴身的袖型。

2.肩型、手臂和袖型设计的关系

为了适应肩部和手臂的各种动作，设计袖型时，不仅要考虑手臂是否能够自由活动，同时还要考虑人体肩部特征与袖型式样的造型关系。人的肩型分为正常肩、平肩、溜肩等，天生肩型的不足可以通过袖型设计来修饰和弥补。

3.面料材质的影响

各种各样的面料材质,有着丰富多彩的造型特点。儿童秋冬正装一般采用材质比较厚实的面料,更能体现儿童饱满可爱的体型特性。而在休闲服和针织服装中,人们希望寻求更多的个性需要和新颖感觉,运用异质面料和花色面料进行组合设计。

4.装饰手法的影响

童装袖型的装饰手法非常丰富,如在袖子上增饰附件,钉肩章、贴口袋、添加装饰纽扣等;如工艺手法美化,镶边、加带、缉线等。装饰手法的繁简程度也要与整体服装感觉相协调统一,如图7-42～图7-69所示。

图7-42　内嵌式对比袖子　　图7-43　质感对比　　图7-44　透明袖子　　图7-45　手工缝线的袖口

图7-46　皮革镶嵌　　图7-47　肘部贴布　　图7-48　绗缝工艺　　图7-49　臂章的痕迹

图7-50　仿手工线迹　　图7-51　袖身拼条　　图7-52　拉链式装袖　　图7-53　装饰性拼接

图7-54　撕裂表面

图7-55　纹理质感表现

图7-56　拇指洞细节设计

图7-57　对比结构

图7-58　装饰性拉链

图7-59　卷边袖口

图7-60　收紧式袖口

图7-61　涂鸦式图案

图7-62　抓绒布绗缝工艺

图7-63　袖口假二层设计

图7-64　波状袖山造型

图7-65　大面积补丁

图7-66　袖口的补丁

图7-67　袢扣式卷边袖口

图7-68　3D动物图案

图7-69　做旧处理

第三节　男童装其他部件设计

一、口袋

成人服装中，口袋经常以实用功能为主，起到画龙点睛的作用。在童装设计中，口袋设计尤为重要，经常成为一件服装的视觉中心。对于童装而言，大多数口袋的装饰性比实用性更突出，所以设计较为随意，变化的范围更加丰富，位置、大小、材质、色彩等可以自由组合，灵活搭配。根据口袋的结构特点分类，口袋主要可分为贴袋、挖袋、插袋、假袋、里袋、复合袋等几种。设计时要注意袋口、袋身和袋底的细节处理。

（一）贴袋

贴袋是贴附于服装主体之上，袋形完全外露的口袋，又叫"明袋"。根据空间存在方式，贴袋又分为平面贴袋和立体贴袋；根据开启方式，分为有盖贴袋和无盖贴袋，如图7-70所示。因为受工艺的限制性较小，贴袋的位置、大小、外形变化最自由，但同时由于其外露的特点也就最容易吸引人的视线，因此贴袋的设计更要注重与服装风格的统一性。贴袋的性格特点一般倾向于休闲随意，自然有趣。

贴袋是童装上用得最多的口袋，而且经常是童装上最吸引人的地方，形状可自由变化，动物、花草、卡通、工业产品的造型等都可以被借鉴，工艺手法可以用拼接、刺绣、镶边、褶裥等，而且其边缘线也可以经过不同的工艺处理。童装上贴袋的妙用可使得整件服装韵味陡生，意趣盎然。

图7-70　贴袋设计与应用

（二）挖袋

挖袋是在服装上根据设计要求，将面料挖开一定宽度的开口，再从里面衬以袋布，然后在开口处缝接上固定的口袋。挖袋又叫暗袋或嵌线袋，如图7-71所示。挖袋的特点是简洁明快，从外观来看只在衣片上留有袋口线。袋口一般都有嵌条，根据嵌条的条数，可把挖袋分为单嵌线暗袋和双嵌线暗袋两种。在童装中多用于西装中，西装中的手巾袋就是单嵌线暗袋，嵌线宽度一般在2.5cm左右，大袋则根据实际情况决定使用单嵌线还是双嵌线。

儿童日常生活装中也有很多服装使用暗袋,如牛仔套装、外套、羽绒服、马甲、运动装的口袋,感觉比较规整含蓄。暗袋也可分为有盖暗袋和无盖暗袋。

（三）插袋

从原理上讲,插袋也是暗袋,因为插袋的袋形也隐藏在里边,在工艺上与暗袋相似,不同的是插袋口在服装的接缝处直接留出,而不是在衣片上挖出,如图7-72所示。插袋隐藏性好,与接缝浑然一体,显得更为含蓄高雅、成熟宁静。在童装设计中,夹克、裤套装、裙套装、牛仔装、外套、风衣、大衣等都经常使用插袋。有时出于设计需要,故意在袋口处作一些装饰,如线形刺绣、条形包边等,以此丰富设计,增加美感。由于插袋在接缝处,所以制作时要求直顺、平服,与接缝线成一直线。

（四）假袋

假袋是纯粹装饰性的口袋,没有实际功能。从外表上看与实用型口袋相差无几,但实际上不能使用,完全是为了外观造型需要而进行的装饰。童装中口袋的实用意义较小,常用假袋作为装饰,如图7-73所示。

（五）里袋

也称内袋,指缝在衣服内侧的口袋。童装外套开里袋的并不多见,但在儿童西装中也有模仿成人西服设计而开里袋的,多开在前胸部和前腹部,如图7-74所示。本来是作为放钱包、手机等贵重物品等用途,但对于儿童服装来说纯属装饰性功能袋。

（六）复合袋

指两种或两种以上口袋综合设计在一起的口袋,常表现为袋中开袋的形式或在袋盖上开袋,体现出多层次、多功能的设计,如图7-75所示。在街头时尚感强的童装中常用,有功能性装饰的作用。

图7-71　挖袋设计与应用

图7-72　插袋设计与应用

图7-73　假袋设计与应用

图7-74　里袋设计与应用

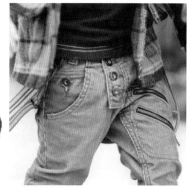

图7-75　复合袋设计与应用

图7-76　口袋与手

图7-77　网眼　　图7-78　皮革的　　图7-79　顺色的
材料的使用　　　　使用　　　　　不同质感

图7-80　镶边　　图7-81　皮革　　图7-82　嵌边
处理形式　　　嵌线的使用　　　效果

在流行趋势的影响下，同时配以缉明线、贴标志等装饰工艺，使时尚感增强。

以上讲到的仅是口袋的几种基本类型，其实在生活中口袋的种类非常繁多，设计时多种类综合搭配，就会创造出许许多多款式别致、富有新意的口袋。如将大贴袋中加入暗袋设计，将插袋上加上贴袋设计等，兼具几种口袋的特点，其功能性和审美性更好。

（七）影响口袋设计的因素

1.口袋与手的关系

多数口袋是以实用性为前提的，口袋的长度和宽度首先要以手的大小尺寸为依据，在此基础上再进行艺术设计和加工。儿童的手比较小巧，但口袋开口一般比较宽松。实用型口袋安排位置的原则是有利于手的插放，手放在口袋里觉得舒服。腰节线至臀围线的1/2处最适合手的插放，此位置是口袋最合适的安装基点。在合适的基点上，还要考虑袋口是横放、竖放或是斜放，如图7-76所示。

2.袋型与整体服装的关系

服装中任何局部设计都要考虑与整体设计相统一协调，袋型设计也不例外。童装中口袋设计造型、工艺、色彩方面都比较夸张和可爱。比较时尚的夹克衫、休闲服、时装等口袋造型也受流行因素影响较大。

3.面料材质和装饰手法的影响

童装中口袋设计注重舒适和可爱，在面料上口袋与衣身为同色同料，或同类同料，或同类色异料，在色彩搭配关系上比较鲜明。为了取得更多样的艺术效果，利用绳结、纽扣等进行点缀和装饰，工艺上用包边、缉明线、手缝线等形式进行装饰美化，如图7-77～图7-82所示。

4.口袋的造型变化

口袋的造型变化包括袋口变化、袋身变化、袋盖变化、袋位变化、分割变化、风格变化、复合变化以及装饰变化等，如图7-83～图7-103所示。

图7-83　美国风格的细节

图7-84　拉链的使用

图7-85　明线与
贴布的使用

图7-86　图案的应用

图7-87　绗缝
式口袋

图7-88　贴袋下的
素色镶嵌

图7-89　热封
式口袋

图7-90　拉链
式翻盖

图7-91　复合
袋盖

图7-92　层叠式口袋

图7-93　倾斜式胸袋

图7-94　异色相拼立体袋

图7-95　风琴口袋

图7-96　工装风口袋

图7-97　军装风西装裁剪

图7-98　三扣式定位设计

图7-99　错配的贴袋

图7-100　对比色与　　图7-101　叠搭式口袋　　图7-102　线圈形扣眼　　图7-103　对比镶边
铆钉的使用

二、门襟

　　门襟是服装的开口形式，处在服装的中心位置，是童装设计中非常重要的部位。门襟一般可以分为前门襟和后门襟，前门襟根据左右衣片的相互关系可以分为对称式门襟和偏襟。根据门襟是否闭合，又可分为闭合式门襟和敞开式门襟。闭合式门襟通过拉链、纽扣、粘扣绳等不同的连接方式将左右两片闭合。敞开式门襟是不用任何方式闭合的门襟。如披肩、小外套、针织开衫等，裤子造型中门襟也经常发生变化，如图7-104所示。门襟的造型变化，有长短的变化、位置的变化、纽位的变化和装饰变化等，如图7-105和图7-106所示。

图7-104　裤子的门襟变化

图7-105　上衣对称式门襟

图7-106　门襟结构的变化

三、纽扣、拉链等

纽扣、纽结、绳结、袢带和拉链是服装中的连接设计。这些要素与服装的面料、工艺、款式、风格一起，构成了个性化、多元化的童装，如图7-107～图7-110所示。

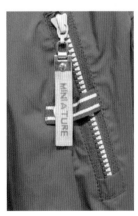

图7-107　拉链的应用

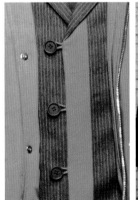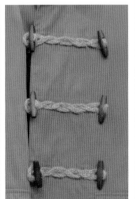

图7-108　纽结的应用

图7-109　扣子的应用

图7-110　袢带的应用

第一节 男童裤纸样设计与工艺

款式一：校园短裤

一、规格设计

1. 成品与款式图（图8-1）

图8-1 男童短裤成品与款式图

2. 特征概述

男童修身挽脚短裤，位置至膝盖，装腰，明门襟装拉链，前片做折裥，后片收省，前片弧形插袋，后片开袋，裤带袢5只。可以选用纯棉布、卡其布、毛涤混纺、条格布料等，适合男童春夏季穿着。

3. 款式分析

短裤大小档的分配；臀围加放量的确定；卷边的结构设计；后档斜度的确定。

4. 制图规格（表8-1）

表8-1 男童短裤制图规格 单位：cm

部位尺寸 规格	裤长 L	腰围 W	臀围 H	上档长	腰头宽
110/52	36	55	74	19	3
120/53	39	56	75	20	3
130/57	42	60	80	21	3

二、结构纸样

见图8-2。

三、纸样分解与放缝

见图8-3。

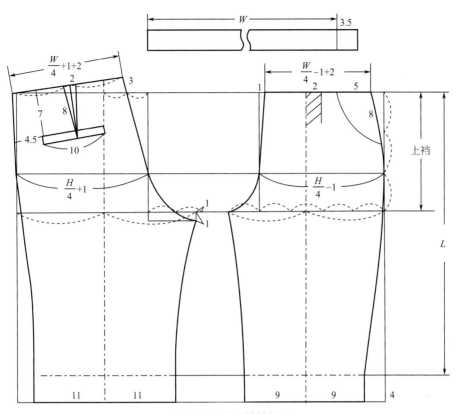

图8-2　男童短裤结构图

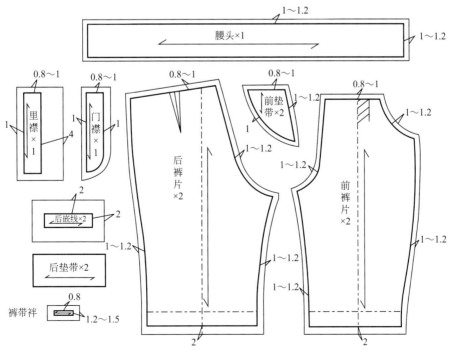

图8-3　男童短裤纸样放缝

四、缝制工艺

（一）缝制准备

1.材料准备

面料长度：裤长+10cm，幅宽144cm。

面料裁片：前片2片、后片2片、后袋垫袋布2片、后袋嵌线2片、门襟1片、里襟1片、前侧袋垫袋布2片、裤带袢5片、裤腰1片（可以拼接），均为经纱下料。

其他：前侧袋上下层袋布、后袋上下层袋布、纽扣、松紧带、有纺衬、无纺衬等。

2.工艺流程

打线钉→锁边→收省，钉裥→做后袋→做前袋→合缉侧缝，下裆缝→做门里襟→装拉链→缉门襟止口→做腰，做裤带袢→合缉后裆缝→做腰、装腰→缉腰口线→做脚口→整烫→锁眼，钉扣。

（二）缝制工艺

1.打线钉

（1）线钉的作用

① 使两裤片达到长短一致、左右对称。

② 可做缝制组合时的定位标记，如收省的大小、贴边的宽窄、袋位的高低和进出等。

（2）打线钉的方法

① 打线钉通常采用白棉线。这是因为白棉线质地较软，绒头较长，在衣料上钉牢后不易脱落。

② 薄料通常用单线打，呢料通常用双线打，一般以双线且一长两短为佳。

③ 线钉的疏密可因部位而有所变化。通常转弯处、对位标记处可密点，直线处可疏点。

（3）裤子的线钉部位

① 前裤片。裥位线、袋位线、中裆线、脚口线、插袋位置、挺缝线等。

② 后裤片。省位线、中裆线、脚口线、挺缝线、后裆线。

2.锁边

（1）男童短裤需要锁边的部位：前裤片2片，后裤片2片，门襟1片，里襟1片，插袋垫袋布2片，后袋垫袋布2片。

（2）门里襟用黏合衬烫好后再锁边。

（3）锁边时，裤片一律正面朝上，至转角处锁边机压脚抬起，以防锁圆。

3.收省、钉裥

（1）收省

① 在后裤片反面按省中线捏准省量，省长为腰口下8cm（毛），省大1.5cm。

② 腰口处打回针，省尖留5cm线头打结，如图8-4所示。

③ 省要缉得直、缉得尖，缝份朝后裆缝坐倒烫平，并将省尖胖势朝臀部方向推烫均匀。

（2）钉折裥。在前裤子的反面将近侧缝的裥位线提起，与近门襟的裥位线重叠，用扎线钉住，再喷水、烫顺烫煞，如图8-5所示。这样，裤片反面裥面朝前，裤片正面裥面朝后，即成反裥。

4.做后袋

（1）烫粘衬、扎袋布　沿线钉在裤片反面画出袋位粉印，然后拔去线钉，在裤片反面沿粉印居中烫上黏合衬，如图8-6和图8-7所示。

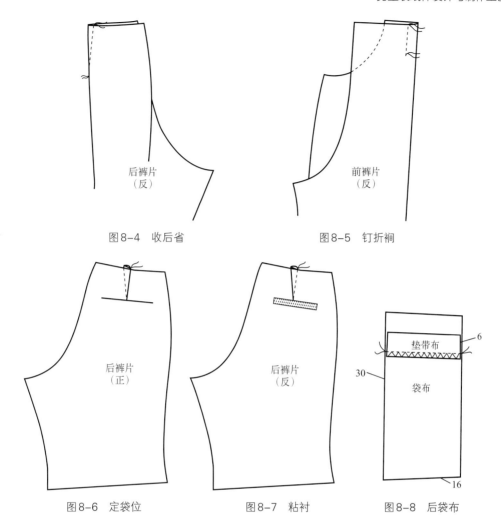

图8-4　收后省　　　　　　　　　　图8-5　钉折裥

图8-6　定袋位　　　　　图8-7　粘衬　　　　图8-8　后袋布

（2）准备垫头、袋布　取大于袋口3cm的直料为袋垫布，并按袋口配好上下层袋布，然后在袋位处扎上袋布，如图8-8所示。

（3）开后袋

① 扣烫嵌线：如图8-9（a）所示，扣烫嵌线成1cm、2cm、3cm，并在嵌线居中画出袋位线，对齐裤片的袋位，钉牢，分别沿上下止口缉线0.5cm，两线之间宽度1cm，起止与袋位线看齐，倒回针钉牢。

② 开三角：如图8-9（b）所示，沿袋位线在两道缉线间居中开剪，距离线端0.8～1cm剪成三角形，开剪要到位，剪至线根但不能剪断缝线，留出0.1cm，以免毛漏或者外观不平服。

③ 定嵌线：将三角折向反面烫倒，以免出现毛茬，然后将嵌线翻至裤片的反面，分别将嵌线上下的缝份烫平，掀开裤片，将下嵌线缝份折光与上层袋布缉牢，并将上嵌线固定在垫带布上，如图8-9（c）所示。

④ 封三角：翻起袋布，上口与腰头平齐，再翻至裤片的正面，将袋口右侧裤片翻起，来回缉缝三角4道，不断线转过90°，如图8-9（d）所示。沿上嵌线原来线迹缉住袋布到另一端，再转过90°，将左侧三角封住，封三角时注意将嵌线、袋布、垫袋布拉平挺，使袋角闭合方正。

⑤ 缝合袋布：将上下层袋布向内折边0.7cm后对合，包足嵌线和垫袋布，沿边0.5cm兜缉袋布，最后将缝份与腰线在缝份内固定，如图8-9（e）所示。

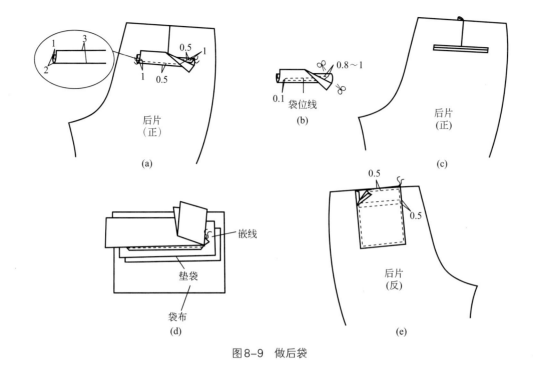

图8-9　做后袋

5.做前袋

（1）准备垫袋布、袋布　取大于袋口3cm的直料为袋垫布，并配好上下层袋布。沿线钉在裤片反面画出袋位粉印，然后拔去线钉，在裤片反面沿粉印烫上牵条，如图8-10（a）、（b）所示。

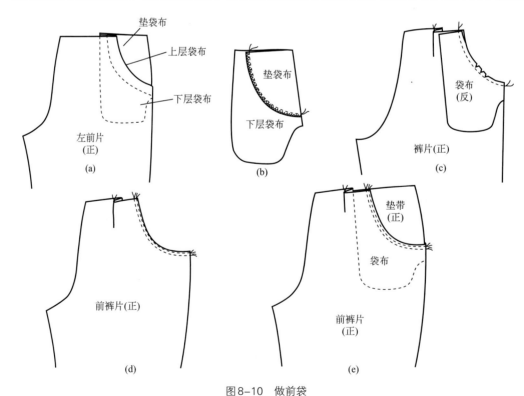

图8-10　做前袋

（2）绱上层袋布　在裤片反面将上层袋布和裤片按袋口形状缉缝，弧线处开剪口，如图8-10（c）所示。翻转熨烫，熨出里外容，并沿边明缉止口0.1cm、0.6cm两道，如图8-10（d）所示。再将袋布翻起，上口对齐腰口定位，并覆上垫头，再翻到裤片正面，将垫头袋布一并缉住，如图8-10（e）所示。

6.合缉侧缝、下裆缝

（1）合缉侧缝

① 先将袋垫头上下口宽度与前片该处净样板校合准确，按净缝放0.8cm缝份修准。

② 前片在上，后片在下，侧缝对齐，按缝份合缉。要求上下层横丝归正，松紧一致，以防起链形，如图8-11所示。

（2）缉下裆缝

① 前片在上、后片在下，后片横裆下10cm处适当吃些。

② 中裆以下前后片松紧一致，并应注意缉线顺直，缝份宽窄一致。为增加牢度，中裆以上缉双线。

③ 将下裆缝分开烫平，烫时注意横裆下10cm略为归拢，中裆部位略为拔伸，如图8-12所示。

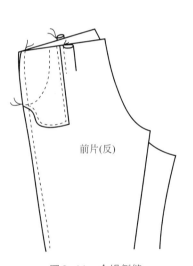

图8-11　合缉侧缝

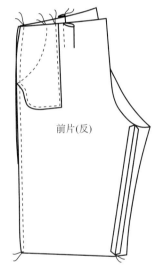

图8-12　缉下裆缝

7.做门里襟

（1）合缝小裆　平齐拉链铁结封口下端0.5cm，做好合裆标记，将左右前裤片正面相合，小裆边缘对齐，以此为起点0.8cm缝份合缉小裆。缝缉要求：起始回针打牢，小裆弯势拉直缉，十字缝口对准，并缉过10cm，为增加牢度缉双线。

（2）做里襟　将反面烫好粘衬，把锁好边的里襟面和里襟里正面相合，留缝份0.6cm，沿下口缉一道，如图8-13（a）所示。将缝份略作修剪，翻至正面熨烫平服。将拉链右侧对齐里襟里侧，沿边距止口0.5cm，上口对齐，缝份0.1cm，清止口一道，如图8-13（b）所示。

（3）装里襟　将右裤片门襟边缘缝份扣倒0.8cm，盖住装上拉链的里襟缝线，则拉链居其中，缉缝0.1cm，注意缝时该处为斜纱，需要适当送布，并一直延伸到缝份下端，将里襟、拉链、右裤片一并缉住，如图8-14所示。

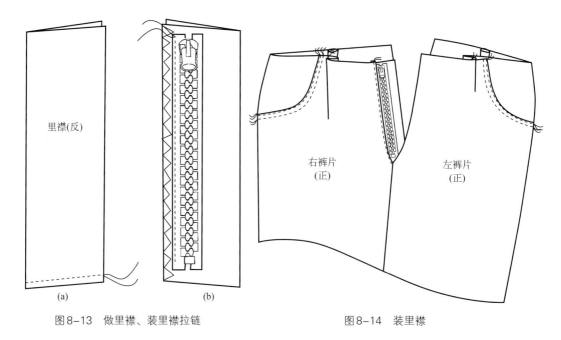

图8-13 做里襟、装里襟拉链

图8-14 装里襟

（4）装门襟　将门襟与左前片正面相合，边缘对齐，缝份1cm缝缉一道。再将门襟翻出放平，在门襟一侧缉压0.1cm明止口，使裤片与门襟留有0.2cm的层势，如图8-15所示。

（5）装门襟拉链　将拉链拉上，里襟放平，门襟盖过里襟缉线0.3cm，翻过来在门襟上沿拉链左侧与门襟缉上，如图8-16所示。

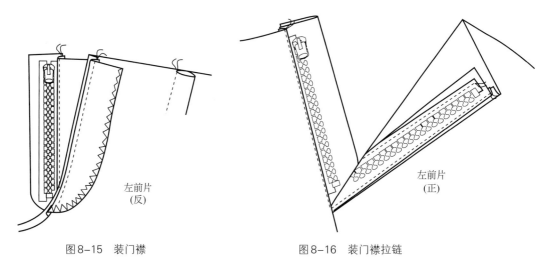

图8-15 装门襟

图8-16 装门襟拉链

（6）缉门襟止口明线　将前裤片和门里襟放平，推开里襟，由裤腰位开始，沿边距止口2.5～3cm缉明线，缉至拐弯处将针抬起，线不断，里襟垫到门襟下，摆放平服，继续缝至门襟止口，缉线均匀，止点处打倒回针并封结，如图8-17所示。

8.合缉后裆缝

先校对腰围规格，按照裆弯、后裆的缝份，从下裆起缝至后腰处，缉线顺直，弯势圆顺，互不松紧，后裆弧线处略拉开。为防止坐蹲以及其他运动时缝线断线，可在裆底凹势至下裆缝段缉缝双线。

9.做腰、装腰

（1）做襻带　取8cm长、3cm宽的直料5根做襻带。将裤带襻正面相合，边缘对齐，留0.3～0.35cm缝份，缉一道。然后让缝份居中，将缝份分开烫煞。用镊子夹住缝份将裤带襻翻到正面，让缝份居中并烫直烫煞。再翻至正面沿边缉0.1cm明止口，如图8-18所示。

（2）装襻带　左右裤片各缉三根裤带襻，位置分别为前裆裆面，侧缝垫头一侧，侧缝、后缝的居中位置。将襻带与裤片正面相对，沿腰口0.6cm摆正，按0.5cm的缝份车缝固定，并距第一道线1.5cm处固定第二道线，来回倒针钉牢。

（3）做腰

① 裁配腰头面、里、衬。腰面长度为$W+6$cm（毛），宽度为10cm（毛），先将有纺衬净衬居中粘烫到腰面反面。

② 将腰头面里拉开，正面朝上，在腰里一侧缉压0.1cm明止口，然后将腰头面里反面相合，腰面坐过0.3cm将腰头上口烫好。注意：在腰面一侧做好门里襟、侧襟、后缝对合标记。

（4）装腰

① 修顺腰口，校正尺寸，从左侧起针，注意不要拉还。

② 裤带襻与裤片正面相合，上端平齐裤片上口，离边0.5cm缉一道定位，离边2cm来回四道缉封裤带襻。

③ 固定腰头下口线，可以采用骑缝或者灌缝，男童的生长发育较快，一般腰部都有一定松量，采用松紧带工艺。

10.做脚口

（1）装脚口贴边　先准备贴边，贴边选择经向用料，长度为脚口规格+2cm，缝合贴边的缝头，再将其与裤子脚口下边正面相对，缝份0.5cm。

（2）扣烫折边缝份　将缝份做进0.5cm，按脚口线钉将贴边扣烫准确。

（3）固定缝份　在反面沿边用扎线将贴边扎定，然后用本色线以三角针将其与大身绷牢。注意绷线松点，大身只缭住一两根丝缕，裤脚正面不露针迹。

11.整烫

（1）整烫前应将裤子上的扎线、线钉、线头、粉印、污渍清除干净，按先内而外、先上而下的次序分步骤整烫。

（2）先烫裤子内部　在裤子内部重烫分缝，将侧缝、下裆缝分开熨烫，把袋布、腰里烫平。随后在铁凳上把后缝分开，弯裆处边烫边将缝份拔弯，同时将裤片裆部轧烫圆顺。

（3）熨烫裤子上部　将裤子翻到正面，先烫门襟、里襟、裆位，再烫斜袋口。烫法是上盖干湿布两层，湿布在上，干布在下。熨斗在湿布上轻烫后立即把湿布拿掉，随后在干布上把水分烫干，不可磨烫太久，防止烫出极光。熨烫时应注意各部位丝缕是否顺直，如有不顺可用手轻轻捋顺，使各部位平挺圆顺。

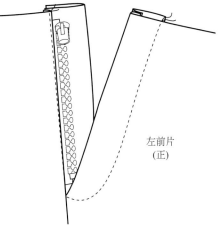

左前片
（正）

图8-17　缉门襟止口明线

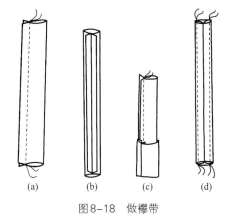

(a)　　(b)　　(c)　　(d)

图8-18　做襻带

（4）烫裤子脚口　先把裤子的侧缝和下裆缝对准，然后让脚口平齐，上盖干湿水布熨烫。

（5）烫裤子前后挺缝线　应将侧缝和下裆缝对齐。通常裤子的前挺缝线的条子或丝绺必须顺直，如有偏差，应以前挺缝线丝绺顺直为主，侧缝、下裆缝对齐为辅。上盖干湿水布熨烫，烫法同上。再烫后挺缝，将干湿水布移到后挺缝上，先将横裆处后窿门捋挺，把臀部胖势推出，横裆下后挺缝适当归拢，上部不能烫得太高，烫至腰口下10cm处止，把挺缝烫平、烫煞。然后将裤子掉头，熨烫裤子的另一片，注意后挺缝上口高低应一致。烫完后，应用衣架吊起晾干。

12.锁眼、钉扣

腰头门襟锁眼，里襟钉扣。

款式二：混合风工装裤

一、规格设计

1.成品与款式图（图8-19）

2.特征概述

工装裤风格，九分裤，装腰，腰头装松紧带，左右各一明贴袋，暗门襟装拉链，裤脚下口可调松紧，也可翻卷穿着，膝盖处两只立体袋带袋盖，装饰木质扣，后片有育克分割。可以选用纯棉布、卡其布、条绒等休闲风格面料，制作中可以进行适当的拼接。

3.款式分析

腰围的尺寸大小；立体袋的设计；后裆斜度与腰翘的关系；袋位的大小和位置变化。

4.制图规格（表8-2）

图8-19　男童工装裤成品与款式图

表8-2　男童工装裤制图规格　　　　　　　　　　　　　单位：cm

部位尺寸 规格	裤长 L	腰围 W	臀围 H	上裆长	腰头宽
110/52	64	55	76	20	3
120/53	71	56	77	21	3
130/57	78	60	82	22	3

二、结构纸样

见图8-20。

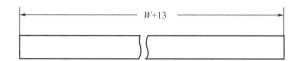

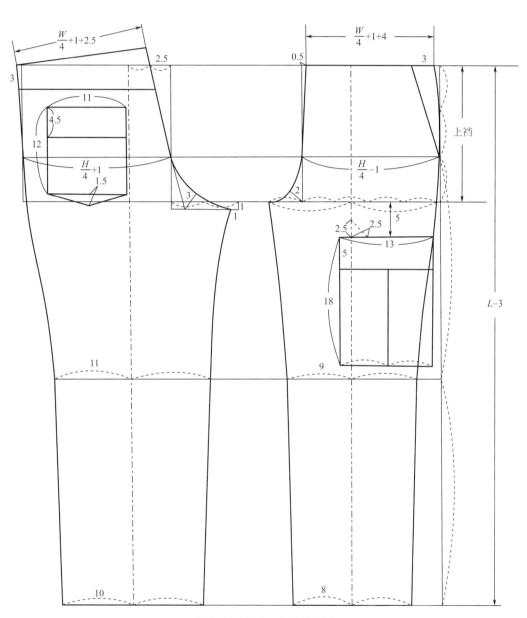

图8-20　男童工装裤结构图

三、纸样分解与放缝

见图8-21。

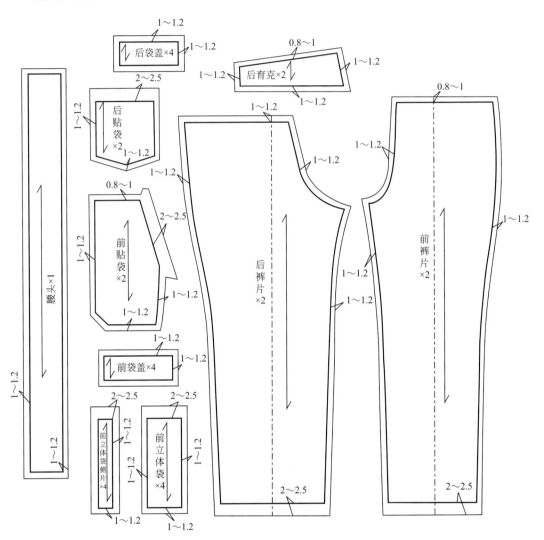

图8-21　工装裤纸样放缝

款式三：混合型运动裤

一、规格设计

1.成品与款式图（图8-22）

图8-22　男童运动裤成品与款式图

2.特征概述

运动裤风格，装腰，门襟装拉链，左右各有一只嵌线型贴袋，装饰金属扣，下口装罗纹，膝盖处两只椭圆形护膝兼有装饰功能，裤身上可随意设计分割，并用异色相拼；前片、后片均有育克分割，前后侧缝处分割后异色相拼。制作中多选用针织型面料，因带有一定的弹性，符合儿童生理特征和运动功能需求。

3.款式分析

腰部省道的处理；前后分割位置的关系；放松量的确定；罗纹尺寸的确定。

4.制图规格（表8-3）

表8-3　男童运动裤制图规格　　　　　　　　　　　　　　　单位：cm

部位尺寸 规格	裤长 L	腰围 W	臀围 H	上裆长	裤口	腰头宽
130/57	73	60	82	22	19	3
140/60	80	64	86	23	20	3
150/64	87	68	92	24	21	3

二、结构纸样

见图8-23。

三、纸样分解与放缝

见图8-24。

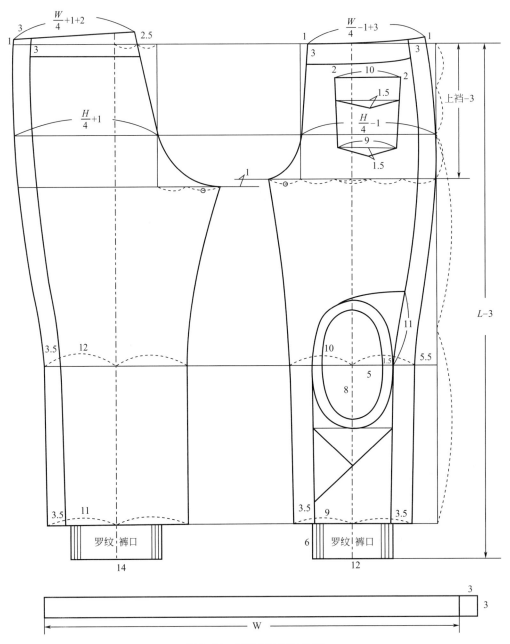

图8-23 男童运动裤结构图

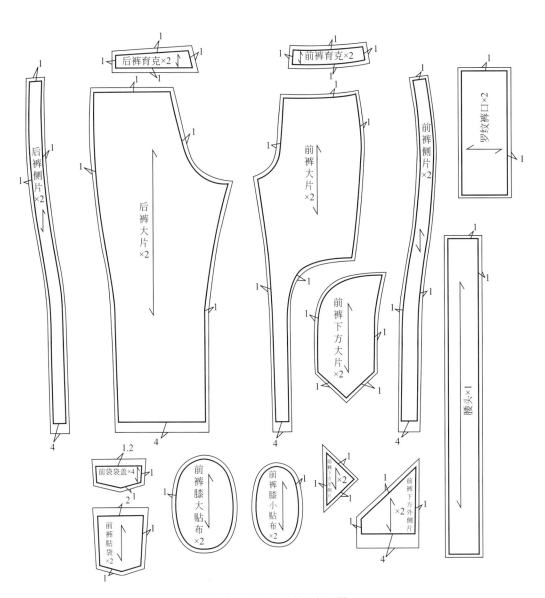

图8-24 男童运动裤纸样放缝

款式四：连体工装裤

一、规格设计

1.成品与款式图（图8-25）

2.特征概述

休闲工装裤风格，连体衣，有过肩，连腰，腰部有可调型松紧带，左右各有一只单嵌线开袋，上身右胸有贴袋一只，左胸一只单嵌线开袋，门襟上身钉纽扣，下身装拉链，并用异色相拼；后片有育克分割，长袖，袖肘处装护肘，袖口装克夫。多选用悬垂性较好或者组织松散型面料，以棉麻混纺织物为主。

图8-25　男童连体工装裤成品与款式图

3.款式分析

腰部结构的处理；整体放松量的确定；后腰斜度与翘度的变化；口袋的功能性设计。

4.制图规格（表8-4）

表8-4　男童连体工装裤制图规格　　　　　　　　　　　　　　　单位：cm

部位尺寸 规格	裤长 L	胸围 B	臀围 H	袖长 SL	袖口	上裆长	中裆
130/64	90	80	84	42	18	20	44
140/68	100	84	90	46	19	21	47
150/74	110	90	96	50	20	21	50

二、结构纸样

见图8-26。

三、纸样分解与放缝

见图8-27。

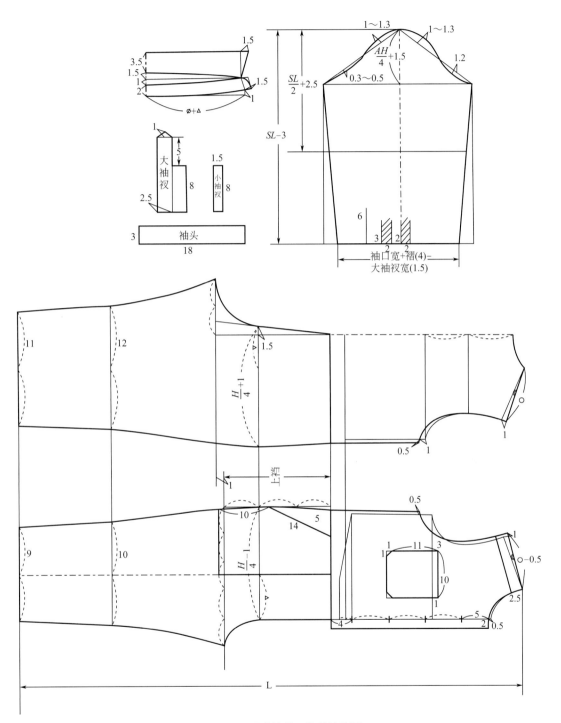

图8-26　男童连体工装裤结构图

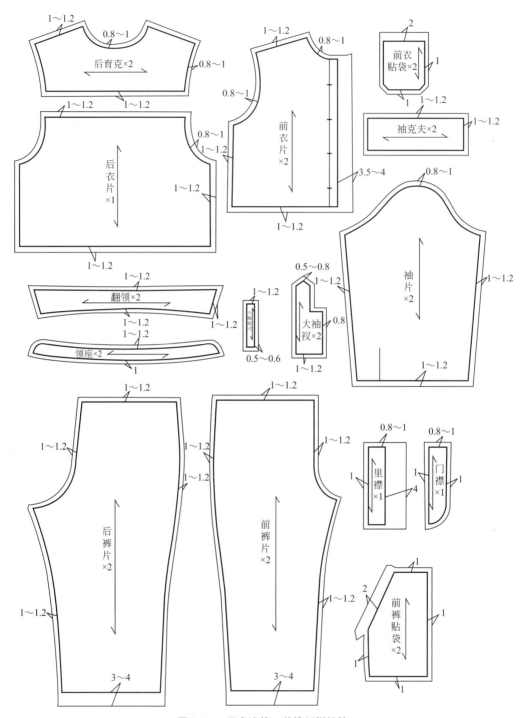

图8-27 男童连体工装裤纸样放缝

款式五：幼儿插肩袖连体工装裤

一、规格设计

1.成品与款式图（图8-28）

2.特征概述

幼儿连体工装裤，罗纹领，宽松肥大，插肩袖，门襟上身为暗门襟，下身装拉链，前片有不对称分割，裤片上膝部有立体型贴袋，衣身分割线处均采用明线工艺。适合选用舒适透气型面料，以棉麻及天然纤维为主。

图8-28 幼儿插肩袖连体工装裤成品与款式图

3.款式分析

胸围、腰围放松量的确定；插肩袖的结构设计；领子的造型设计；暗门襟结构设计。

4.制图规格（表8-5）

表8-5 幼儿插肩袖连体工装裤制图规格 单位：cm

部位尺寸 规格	裤长 L	胸围 B	臀围 H	袖长 SL	袖口	上裆长
90/50	74	68	74	28	18	18
100/54	82	72	78	32	19	19
110/56	90	76	82	36	20	19

二、结构纸样

见图8-29。

三、纸样分解与放缝

见图8-30。

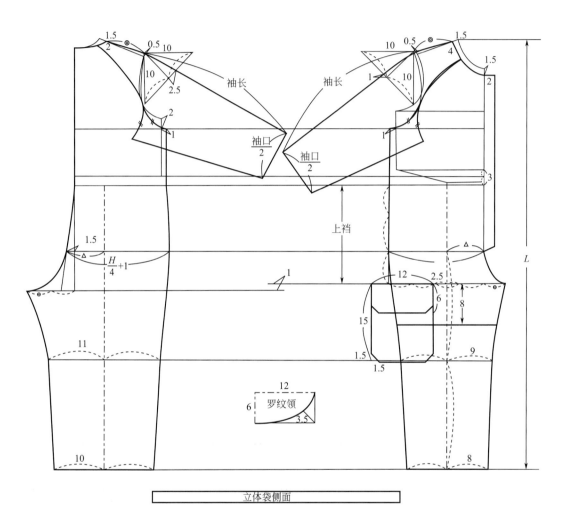

立体袋侧面

图8-29　幼儿插肩袖连体工装裤结构图

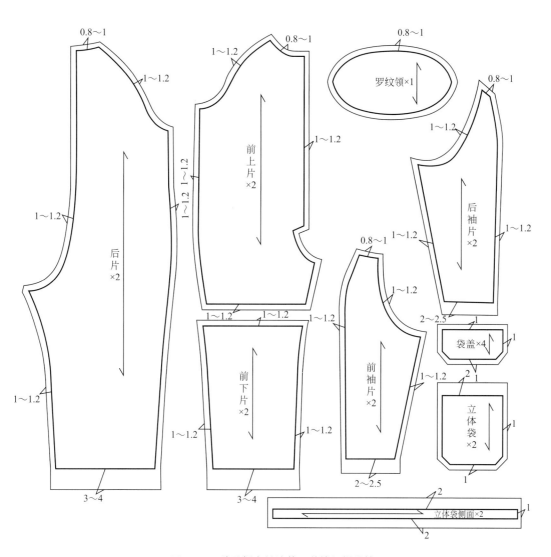

图8-30　幼儿插肩袖连体工装裤纸样放缝

第二节　男童衬衫纸样设计与工艺

款式一：方领育克分割童衬衫

一、规格设计

1.成品与款式图（图8-31）

2.特征概述

方领，明门襟，直下摆，衣身六粒扣，前后均横向分割，前片分割线下左右两只带袋盖的明贴袋，肩头装覆势，领片、覆势均可采用异色相拼，平装一片袖，袖口装克夫，宝剑头袖衩，衣身大量装饰明线。可以选用纯棉色织布、条格布料以及民族风格图案面料等。

图8-31　方领育克分割男童衬衫成品与款式图

3.款式分析

分割、覆势位置的选择与整体的比例关系；一片袖结构设计；袖山高的确定；胸部凸势的处理。

4.制图规格（表8-6）

表8-6　方领育克分割衬衫制图规格　　　　　单位：cm

规格 \ 部位尺寸	衣长 L	胸围 B	袖长 SL	翻领宽	领座宽
110/56	43	72	34	3.5	2
120/60	46	76	38	3.5	2
130/64	49	80	42	3.5	2

二、结构纸样

见图8-32。

三、纸样分解与放缝

见图8-33。

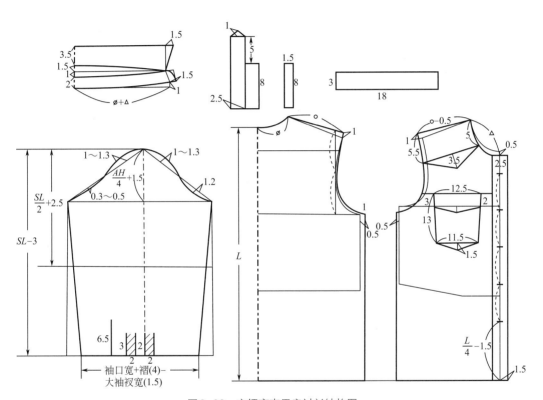

图8-32　方领育克男童衬衫结构图

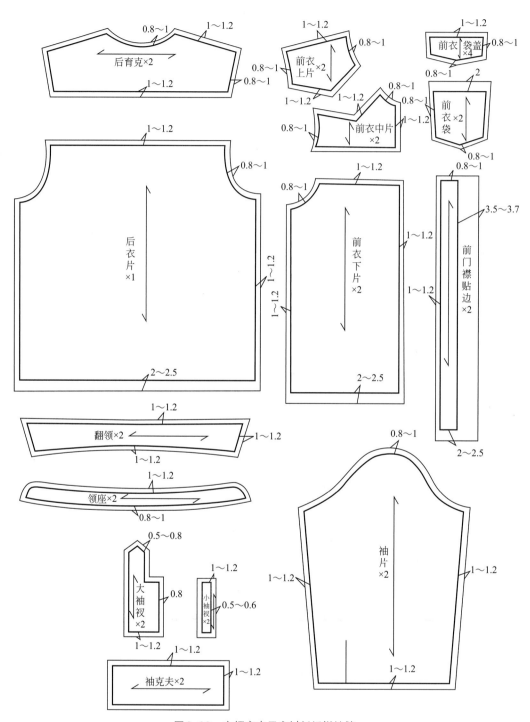

图8-33 方领育克男童衬衫纸样放缝

四、缝制工艺

（一）缝制准备

1.材料准备

面料长度：衣长+袖长+10cm，幅宽144cm，如有缩水视面料酌情处理。

面料裁片：前片2片，后片1片，后育克2片，门襟、里襟各1片，翻领2片，领座2片，前覆势2片，克夫4片，胸袋1片，袋盖1片，袖衩门襟2片，里襟2片。

其他：无纺衬、领衬、纽扣等。

2.工艺流程

烫胸袋→钉胸袋→拼接前衣片→缉翻门襟、里襟→装过肩→做袖→装袖→缝合摆缝、袖底缝→装袖克夫→做领→装领→卷缉底边→锁眼→钉扣→整烫。

（二）缝制工艺

1.烫胸袋

（1）按袋口净板扣压胸袋，先将袋口上贴边折转1.5cm烫平，再按净宽线将贴边里口毛边折光烫平，沿里口折光边缉0.1cm清止口。口袋其余三边按袋样板扣烫准确，如图8-34所示。

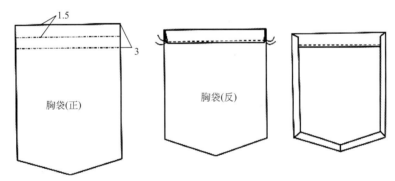

图8-34　扣烫胸袋

（2）做袋盖　将袋盖面、里正面相对，里子除上口其余三周修掉0.1cm，按净样兜缉，然后将缝份修小，修出层势，面比里大出0.1cm，翻至正面烫平。注意袋盖里不反吐，翻转到正面熨烫后缉0.1cm、0.6cm双明线，如图8-35所示。

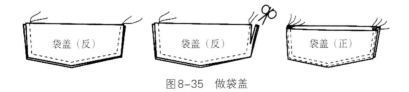

图8-35　做袋盖

2.钉胸袋

（1）钉袋时应注意口袋的高低和进出必须盖没定位钻眼，口袋位置要端正，条格要对齐。从袋口左侧起针，按0.1cm、0.6cm双明线缉缝，左右封口要对称，缉线整齐、平直，打好回针，如图8-36所示。

（2）固定袋盖，袋盖位置要端正，条格要对齐。袋盖上口与前衣片下端上口对齐，临时固定缉缝一道，缝份0.5cm，如图8-37所示。

图8-36　钉胸袋

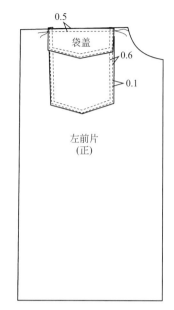

图8-37　装袋盖

3.拼接前衣片

（1）拼接肩头覆势　按照净粉印扣烫好覆势，在前片上端拼接覆势缉0.1cm、0.6cm双明线，如图8-38所示。

（2）把前衣片上下两端拼接缝合，中间夹住袋盖一同缝合，熨烫倒缝后缉0.1cm、0.6cm双明线，如图8-39所示。

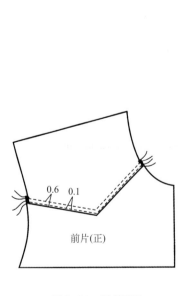

图8-38　做前覆势

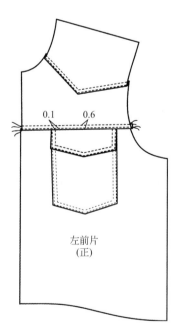

图8-39　拼接前衣片

4.缉翻门襟、里襟

（1）缉翻门襟　先在翻门襟反面居中烫上有纺黏合衬，再沿衬将翻门襟毛边折转扣烫平服。以领口眼刀为准，将左前片前中一个缝份向正面扣转烫好。将扣烫好的翻门襟覆在左前片门襟正面，前中止口坐出0.1cm摆正，离边0.3cm缉明止口，然后缉翻门襟另一侧0.3cm明止口。注意缉线顺直，上下松紧一致，如图8-40所示。

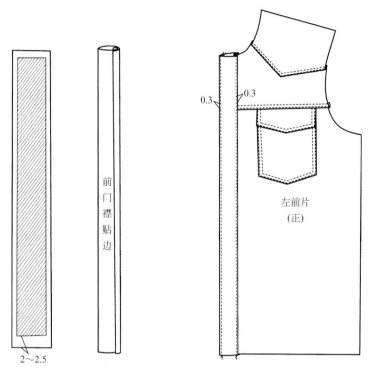

图8-40　缉翻门襟

（2）缉里襟　以领口刀口为准，将里襟贴边扣转烫直，并按2.5cm净宽将贴边里口毛边扣转烫好，缉压0.1cm明止口。

（3）对条　如为对条产品，翻门襟条子离锁眼中心1.7cm烫折缝，里襟条子离钉纽中心1.5cm烫折缝。门里襟必须是同一个花型条子。

5.装过肩

（1）装过肩　装后过肩前应先将左右肩缝向反面扣转烫好。可先烫右肩缝，缝份0.7cm，再对折平齐下口，烫左肩缝，要求左右肩缝平直对称，过肩面里完全一致。然后装后过肩，将过肩里正面向上放下层，过肩面正面向下放上层，后衣片正面向上夹在中间，三层对齐，后中刀口对齐，缝份1cm缉缝一道，如图8-41所示。再将过肩面翻正，沿边缉压0.1cm明止口。

（2）烫过肩　将过肩面翻正、烫平，再将过肩里翻正、烫平。按照过肩面修剪领窝，并做好领窝中心标记，如图8-42所示。

（3）合肩缝　后衣片放在下层，过肩里的肩缝与前肩缝放平齐，领口处平齐，缝份0.6cm，肩缝注意不可拉伸变形，如图8-43所示。

（4）压肩缝　将过肩面肩缝折光口，面里对齐，将前衣片正面朝上肩缝夹在中间，沿边缉压0.1cm明止口。将前衣片与过肩面里夹缝接装，注意过肩面里均缉住，止口线迹整齐，起止点打好回针，如图8-44所示。

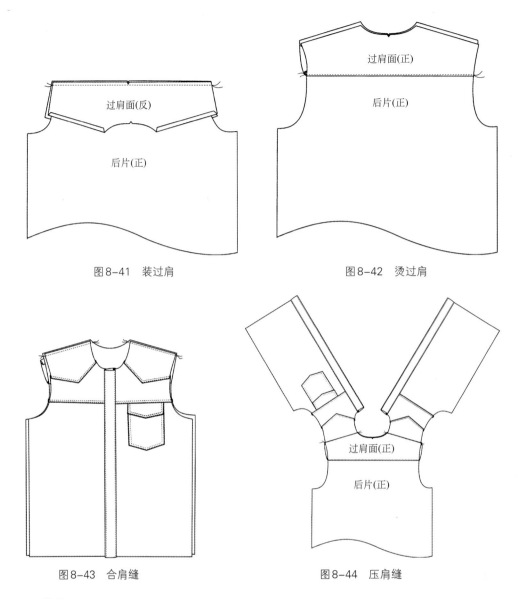

图8-41　装过肩　　　　　　　　　　　　图8-42　烫过肩

图8-43　合肩缝　　　　　　　　　　　　图8-44　压肩缝

6.做袖

（1）做袖衩

① 做袖衩里襟：按定位标记将袖片反面粘上1cm宽无纺衬，衩口剪开，长约8cm开口为"Y"形。袖里襟一侧袖衩条长8cm、宽3cm，先将衩条两侧各扣转0.6cm，然后对折烫平，注意衩里多出衩面0.1cm，然后与袖衩里襟一侧夹缝接装，如图8-45所示。

② 做袖衩门襟：袖门襟一侧可先将宝剑头袖衩条沿边折光再对折，里子多出0.1cm，将袖子大衩一侧夹进，沿边0.1cm且用明止口兜绲宝剑头，并在衩口下1cm处平封袖衩三道，如图8-46所示。

（2）做袖口折裥　袖口有2个折裥，按照刀眼位置绲线固定，折裥向后袖方向折叠。

（3）做袖克夫

① 绲克夫面：如图8-47（a）所示，将克夫面上口缝份折净，绲0.5cm明线，折边要均匀整齐。

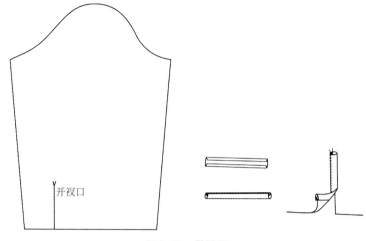

图8-45 做袖衩

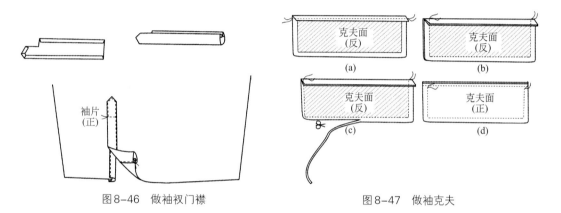

图8-46 做袖衩门襟

图8-47 做袖克夫

② 如图8-47（b）所示，将克夫面、里正面相对，里上口向上翻折，包住克夫面，然后沿克夫净样缉合外口，起止倒针加固。

③ 翻烫克夫：如图8-47（c）所示，将克夫缝份修剪至0.4cm，再将克夫翻到正面，熨烫平整，注意止口翻足，里外容正确，两边对称。

④ 缉克夫明线：如图8-47（d）所示，在距克夫上口1cm的位置开始，沿克夫止口缉0.5cm明线。缉线顺直均匀，两端倒针打牢。

7.装袖

衣片在下，袖片在上，正面相合，袖底缝对准摆缝处起针，留1cm缝份缉缝。装袖时要注意既让袖子有一定的层势，又不能起皱打裥，并注意对正袖中刀口。对准过肩装袖刀口，前后松紧一致，然后用锁边机将缝份锁光。

8.缝合摆缝、袖底缝

缝合摆缝、袖底缝应一气呵成。注意：一律由下摆开始往上缉，留缝份1cm，缉线顺直，上下层平服，袖底处十字缝口对准，缉完后用锁边机将缝份锁光，如图8-48所示。

9.装袖克夫

将袖克夫夹缝接装到袖子上。先将宝剑头袖衩门里襟放平，把袖口夹入做好的袖克夫内，注意袖克夫两端要塞足塞平。缝份0.8cm，在袖克夫正面缉0.1cm狭止口，反面坐缝不超过0.3cm。然后在袖克夫另外三边缉0.1cm明止口，如图8-49所示。

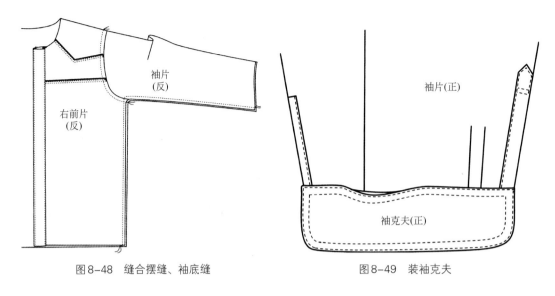

图8-48 缝合摆缝、袖底缝　　　　　　图8-49 装袖克夫

10.做领

（1）裁配翻领面、里、衬　领衬通常用涤棉树脂黏合衬斜料。按净样用铅笔画出净缝线，四周放缝0.7cm，翻领面、里与衬相合。为减少领角厚度，将领衬尖角缝份剪去。为保证领角挺括，翻领两角还需加放领角衬，并在领角衬上离领净缝线0.2cm处缉上塑料插片，然后摆正领角衬位置，轻烫固定，如图8-50所示。

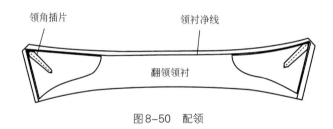

图8-50 配领

（2）烫领　将领衬与领面对齐摆正，条格面料应注意左右领尖条格对称。为保证领子的挺括、窝服，工厂里是在压领机上将领面压烫定型的，个人制作时用熨斗压烫，同时应注意领角的窝势，如图8-51所示。

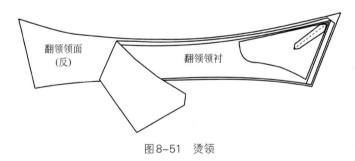

图8-51 烫领

（3）缉缝翻领面、里、衬　将领里和领面正面相合，领里在下、领面在上。沿领衬上的净缝线兜缉，缉缝时应在领角两侧略微拉紧领里，使其里外均匀，以满足领子的窝服要求，如图8-52所示。

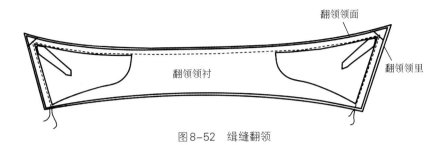

图8-52　缉缝翻领

（4）翻烫翻领、缉压明止口　将领角缝份修成宝剑头形，留缝0.2cm，将领角翻足、翻尖，止口驳挺，领里坐进0.1cm烫煞。再在正面缉压0.3cm明止口，要求领面止口线迹整齐，两头不可接线。最后将领下口沿领衬修齐，居中打好刀口，如图8-53所示。

（5）裁配底领面、里、衬　底领衬通常用涤棉树脂黏合衬斜料，净缝配置。先将底领衬黏烫在底领领面上，再放缝0.8cm，领面下口沿领衬下口刮浆、包转、烫平，并在正面缉0.6cm明止口线固定，如图8-54所示。

（6）底领夹缉翻领　底领面与底领里正面相合，面在上、里在下，中间夹进翻领，边缘对齐，三刀口对准，离底领衬0.1cm缉线，并将底领两端圆头缝份修到0.3cm，如图8-55所示。

（7）缉压底领上口明止口　用大拇指顶住缉线，翻出圆头，将圆头止口驳挺，熨烫圆顺，并将底领烫平、烫煞。再沿底领上口缉压0.2cm明止口，注意起落针均在翻领的两侧。

（8）做好装领三刀口　沿底领面包光的净缝下口，底领里下口放缝0.7cm，做好肩缝、后中心线三刀口，如图8-56所示。

11.装领

（1）装领　下领领里和衣片正面相合，衣片在下、领里在上，0.6cm缝份缝缉。注意领里两端缝份略宽些，端点缩进门里襟0.1cm，肩缝、后中刀口对准，领圈中途不拉还、不曲拢，起止点打好回针，如图8-57所示。

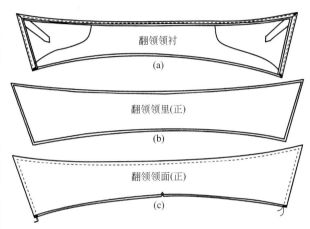

图8-53　翻烫翻领、缉明线

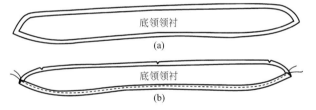

图8-54　底领裁配

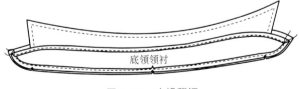

图8-55　夹缉翻领

图8-56　缉底领上口明线

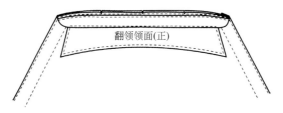

图8-57　装领

（2）缉领　将领面翻正，让衣片领圈夹于底领面里之间，缉线起止点在翻领两端进2cm处，接线要重叠，但不能双轨。底领上口、圆头处缉0.15cm明止口，底领下口缉0.1cm明止口，反面坐缝不超过0.3cm，两端衣片要塞足塞平，如图8-58所示。

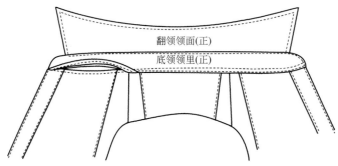

图8-58　缉领明线

12. 卷缉底边

将衣服底边修齐修顺，卷边从门襟下脚开始，因本款为直下摆，卷边净宽1cm，在反面折边缉0.1cm明止口，起止点打好回针。要求门、里襟长短一致，卷边宽窄均匀，中途平服不起皱，摆缝缝份倒向后片，如图8-59所示（圆下摆的卷边净宽为0.6cm）。

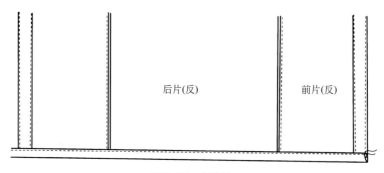

图8-59　缉底边

13. 锁眼

门襟处底领锁横眼一只，进出以翻领脚和门襟叠门1.7cm的连线为眼位中点，高低为底领居中。其余五只为直眼，进出以门襟叠门1.7cm为基准，眼位间距按工艺要求。左右袖克夫各锁眼一只，位于袖衩门襟一侧，进出以纽扣眼外封口距袖克夫边1cm为准，高低位于袖克夫宽的中央。扣眼大小均为1.6cm，锁眼针码密度为11～15针/cm。

14. 钉扣

底领扣位进出以里襟扣位直线为依据，里襟纽位应低于眼位中心0.2cm，进出离边1.4cm，上下纽扣呈一直线。袖克夫钉纽高低位于袖克夫宽的中央，进出以纽扣边距袖克夫边1cm为准。

15.整烫

（1）烫领子　在翻领正面，沿缉线拉紧烫平，使领面与缉线平服，反面领里不起涌。

（2）烫袖子　先将袖底缝熨烫平服，驳挺缝口，没有坐缝。再将袖子两面烫平，袖衩长短要一致，褶裥要熨烫顺直，袖克夫应先烫里再烫面。

（3）烫大身　将前身左右甩开，把过肩里烫平，再将后身反面烫平，把前身胸袋反面线迹烫平。然后将门襟叠拢，由上往下将纽扣扣好，将前后身摆平，摆缝拉直，前过肩左右高低一致，熨烫平服。注意装袖缝份一律向袖子一边坐倒，底、翻领折转自然，坐势恰当，领面平服，领尖贴身，领子左右对称，窝服不反翘。

款式二：休闲拼接式曲摆衬衫

一、规格设计

1. 成品与款式图（图8-60）

2. 特征概述

方领，曲下摆，衣身六粒扣，采用面料拼接结构，前片分割线下带袋盖的实用型明贴袋，装饰铆钉，平装一片袖，袖口装克夫，宝剑头袖衩，衣身大量装饰明线。可以选用纯棉色织布、条格布料、牛仔面料以及花型图案等薄型面料。

3. 款式分析

袖子与衣身的配合关系；曲摆的设计；翻领结构设计；前片胸部凸势的处理。

4. 制图规格（表8-7）

图8-60　拼接式曲摆衬衫成品与款式图

表8-7　曲摆衬衫制图规格　　　　　　　　　　　　　　单位：cm

规格 \ 部位尺寸	衣长 L	胸围 B	袖长 SL	翻领宽	领座宽
110/56	43	72	34	3.5	2
120/60	46	76	38	3.5	2
130/64	49	80	42	3.5	2

二、结构纸样

见图8-61。

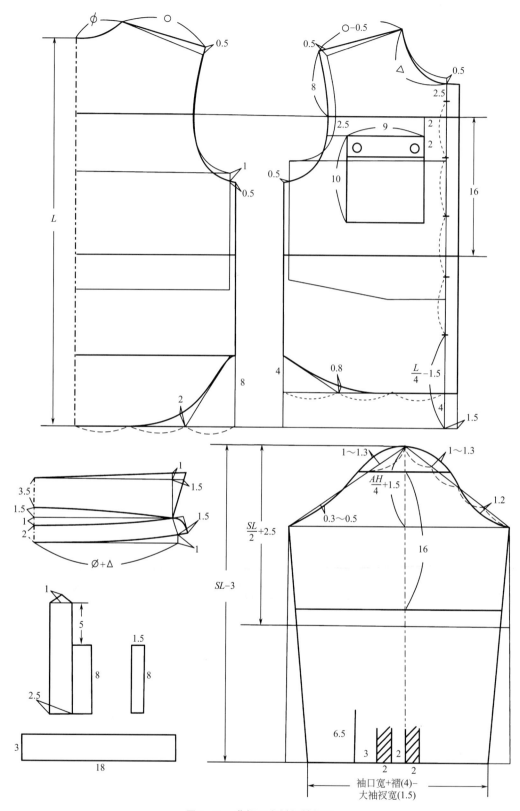

图8-61 曲摆男童衬衫结构图

三、纸样分解与放缝

见图8-62。

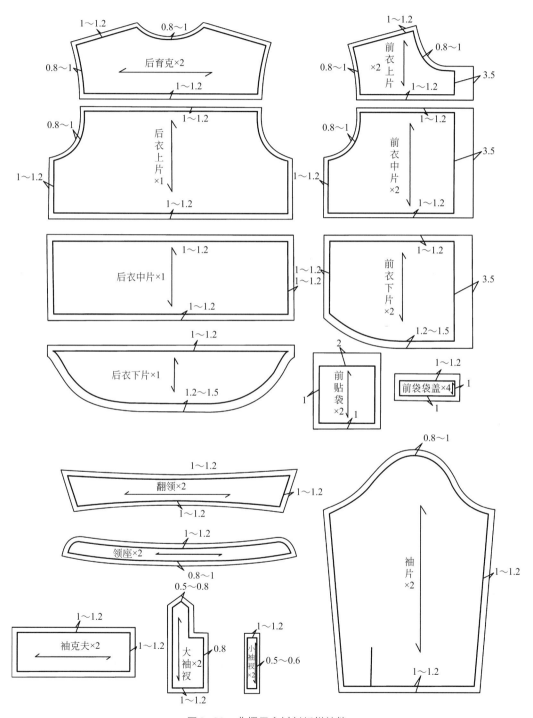

图8-62　曲摆男童衬衫纸样放缝

款式三：正装衬衫

一、规格设计

1.成品与款式图（图8-63）

2.特征概述

小方领，曲下摆，衣身六粒扣，采用拼接结构，前胸分割线处排列多行规律型折裥，缉装饰性明线，装过肩，平装一片袖，袖口装克夫，宝剑头袖衩。可以选用纯棉色织布、条格布料、牛仔面料以及图案面料等，适合演出或礼仪性场合。

图8-63　正装衬衫成品与款式图

3.款式分析

拼接位置的规律折裥结构设计；连折门襟的设计；小方领结构设计；胸围加放量的分配。

4.制图规格（表8-8）

表8-8　正装男童衬衫制图规格　　　　　　　　　　　　单位：cm

规格 ＼ 部位尺寸	衣长 L	胸围 B	袖长 SL	翻领宽	领座宽
110/56	45	72	34	3.5	2
120/60	47	76	38	3.5	2
130/64	49	80	42	3.5	2

二、结构纸样

见图8-64。

三、纸样分解与放缝

见图8-65。

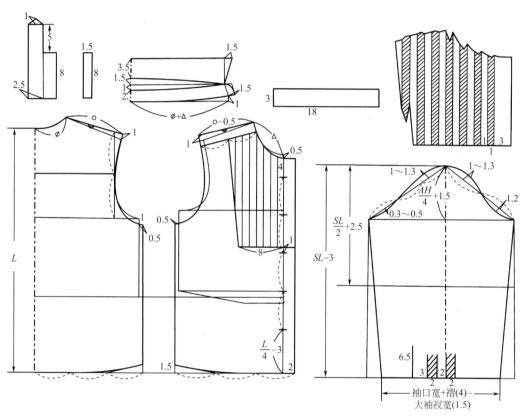

图8-64　正装男童衬衫结构图

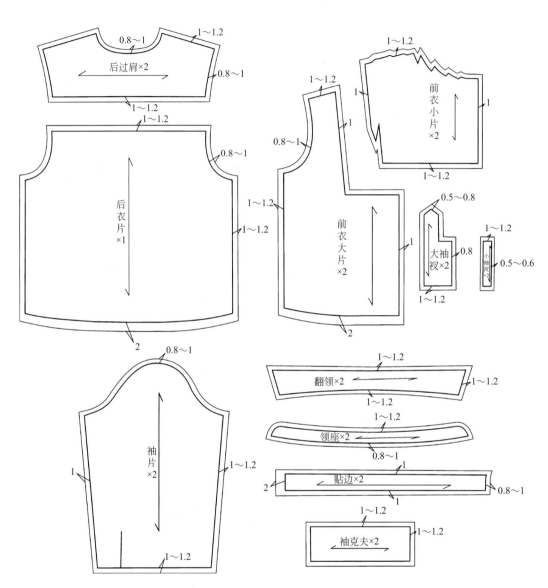

图8-65　正装男童衬衫纸样放缝

第三节　男童西服纸样设计与工艺

款式一：休闲西服

一、规格设计

1.成品与款式图（图8-66）

图8-66　休闲男童西服成品与款式图

2.特征概述

休闲风格，H型三开身结构，平驳头单排3粒扣，圆下摆，前片左右各一个贴袋，袖子为圆装两片袖，装假袖衩，钉装饰扣3粒，肩缝、袖窿、止口、袖口、袖衩、袖缝、背缝、领口、底摆等部位缉明线。适合选用毛呢、条格、棉毛混纺、呢绒等面料。

3.款式分析

三开身结构设计；驳领结构设计；两片袖结构设计；翻领松度的确定。

4.制图规格（表8-9）

表8-9　休闲男童西服制图规格　　　　　　　　　　　　　单位：cm

部位尺寸 规格	衣长 L	胸围 B	袖长 SL	翻领	领座
100/54	40	68	32	3	2
110/56	42	70	36	3	2
120/60	44	74	39	3	2

二、结构纸样

见图8-67。

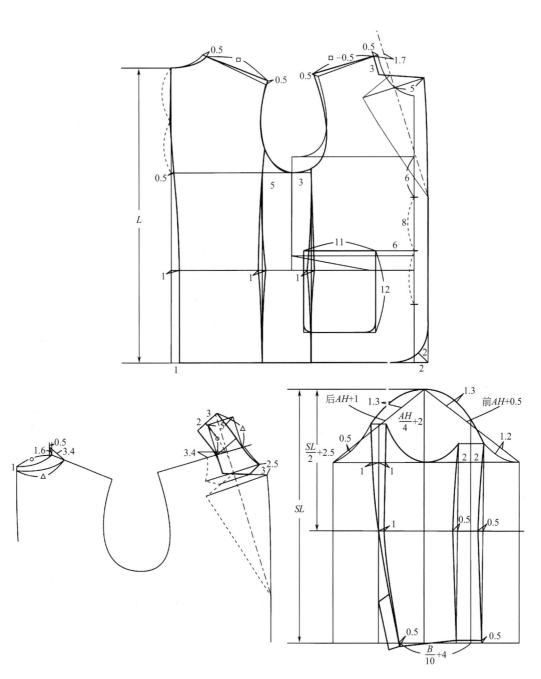

图8-67 休闲男童西装结构图

三、纸样分解与放缝图

见图8-68。

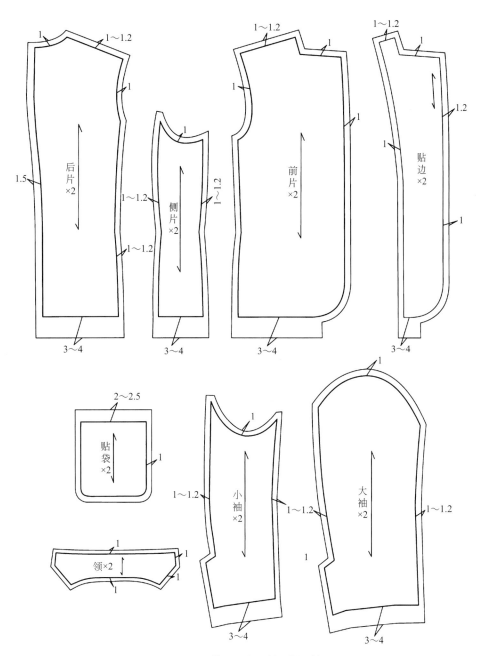

图8-68　休闲男童西装纸样放缝

四、缝制工艺

（一）缝制准备

1.材料准备

面料长度：衣长+15cm，幅宽144cm。

面料裁片：前片2片、后片2片、马面2片、大袖片2片、小袖片2片、领片2片、挂面2片、后领贴边1片、前贴袋布2片，均为经纱下料。

其他：夹里、纽扣、有纺衬、无纺衬、牵带等。

2.工艺流程

粘衬、打线钉→拼接马面、做贴袋→缝合挂面与前片里子→做后背→缝合挂面衣身→合绱肩缝、侧缝→缝合里子肩缝、侧缝→做领、装领→做袖→装袖→勾绱底摆→整烫→锁眼、钉扣。

（二）缝制工艺

1.粘衬、打线钉

（1）线钉部位　袋位、前后片及马面对合标记、驳口线、绱领点、装袖对合标记、袖衩、袖口折边、底摆折边。

（2）粘衬部位　前片、马面、后片底摆、袋口、袖口、挂面、领面等，另外领口、袖窿、驳口线、止口等容易拉还变形的位置应粘上直丝牵带。男童的西装多为休闲风格，一般不采用成人西装胸衬工艺，多用黏合机压衬。

2.拼接马面、做贴袋

（1）前片与马面正面相合，前片在上1cm缝份合绱，劈缝熨烫，如图8-69所示。再将缝份倒向后片，翻至正面，绱压0.1cm的明线。

（2）在前片上装贴袋并绱缝0.5cm明线，具体方法参照男衬衫贴袋。

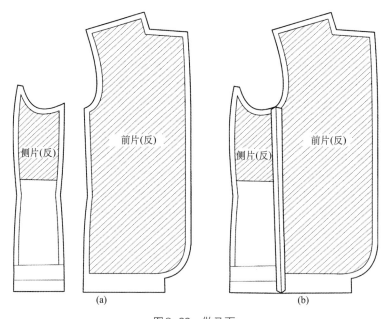

图8-69　做马面

3.缝合挂面与前片里子

挂面与前片里子正面相合，边缘对齐0.8cm缝份合缉，然后将缝份朝里子熨烫0.2cm里外容。

4.做后背

（1）缝合后背中缝　将后背左右片正面相对，按1.5cm缝份合缉。翻正劈缝熨烫，如图8-70所示。再将缝份向左片大身方向倒，在正面缉缝0.5明线。

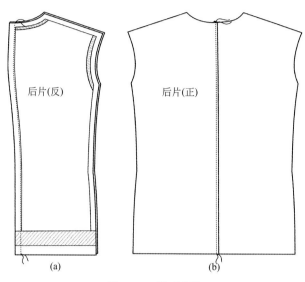

图8-70　缉后背缝

（2）做后背夹里

① 做夹里：如图8-71所示，进行缝合，后背做出活动量，夹里背缝倒向左片。

② 做后领贴边：将后领贴边外口缝份扣倒烫平，对准后夹里中心按位置缉上商标，缉压0.1cm的明线，并修整后片夹里形状与衣片一致，如图8-72所示。

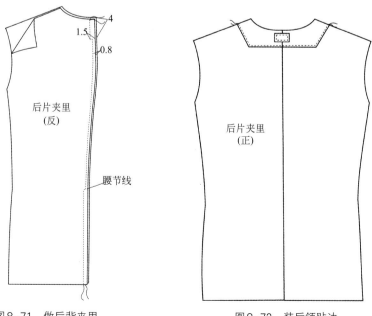

图8-71　做后背夹里　　　　　图8-72　装后领贴边

5.缝合挂面衣身

（1）用挂面样板将门襟止口、翻领与驳口位等位置标明，确保门襟的圆顺形状以及正确的翻领位置。

（2）将挂面与前片正面相对，对好标记位置，自装领点处起针，沿边缉缝1cm，缝至底摆处，并修剪挂面止口层势，如图8-73所示。

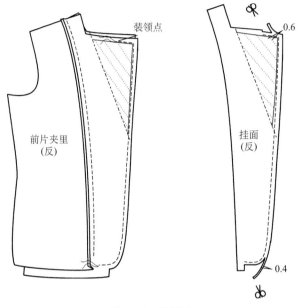

图8-73　做挂面

（3）将修整好的缝份驳口线以上挂面压住衣身0.2cm，以下衣身压住挂面。在驳口线处开剪口，以上挂面缝份包住衣身，以下衣身包住挂面，先用线扎牢，在反面将其烫平、烫煞。

（4）翻到正面熨烫止口，将驳头、止口熨烫平整，驳头放在布馒头上熨烫，一般下1/3处不烫，使造型更具有立体感。注意止口的坐势不能反吐，左右长短一致，形状相符，并按前片修剪夹里形状，一般夹里略大出0.3cm，在止口缉0.5cm的明线。

6.合缉肩缝、侧缝

（1）合肩缝　将前后衣片肩缝正面相合，前片在上，边缘对齐，按1cm缝份合缉后让缝份朝后片坐倒，在后片肩缝一侧缉0.6cm明线，然后将缝份烫煞。

（2）合侧缝　将前后衣片侧缝正面相合，前片在上，边缘对齐，留1cm缝份合缉后让缝份朝后片坐倒，在后片侧缝一侧缉0.6cm明线，然后将缝份烫煞。

7.缝合里子肩缝、侧缝

（1）将前后衣片肩部正面相合，前片在上，边缘对齐，按0.8cm缝份合缉后向后片坐倒熨烫0.2cm里外容。

（2）将前后衣片侧缝正面相合，前片在上，边缘对齐，按0.8cm缝份合缉后向后片坐倒熨烫0.2cm里外容。

8.做领、装领

（1）做领　用样板将领面止口画好，翻领领面与领里正面相对，按止口缉缝1cm，翻正熨烫出里外容，并在领面止口缉缝0.5cm的明线，如图8-74所示。

（2）装领　领子在上，领里与衣身领圈正面相合，边缘对齐绱领点，0.8cm缉缝一圈，如图8-75所示。将衣服夹里与面正面相对，按1cm缝份缉缝，夹镶领子，并翻正熨烫。

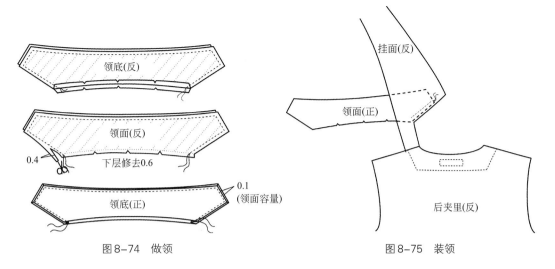

图8-74　做领

图8-75　装领

9. 做袖、装袖

（1）合后袖缝　将大小袖正面相对，小袖放在上层，沿外袖缝从上到下1cm缉缝，翻正后沿外袖缝线熨烫，向里熨烫袖口折边，做出假袖衩，如图8-76所示。

（2）将后袖缝缝份先劈再倒向大袖，在缝份上缉0.5cm明线，如图8-77所示。

（3）做袖夹里　将袖里子正面相对，沿外袖缝从上到下0.8cm缉缝，熨烫0.2cm里外容。

（4）缝合袖底边　将袖片与夹里正面相对，缝合袖口底边，按1cm缝份缉缝，如图8-78所示。

（5）扣烫袖底边　将袖口按袖口折边扣净烫平，袖口夹里留出1cm的坐势烫平，并按袖片形状修顺夹里袖山，并在袖口底边缉缝0.5cm的明线，如图8-79所示。

（6）缝合前袖缝　缉缝袖片、夹里的前袖缝，缝份1cm，袖片缝份倒向大袖，夹里与之相反，如图8-80所示。

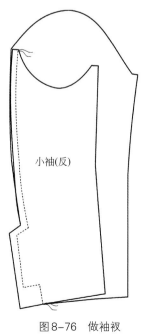

图8-76　做袖衩

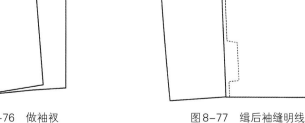

图8-77　缉后袖缝明线

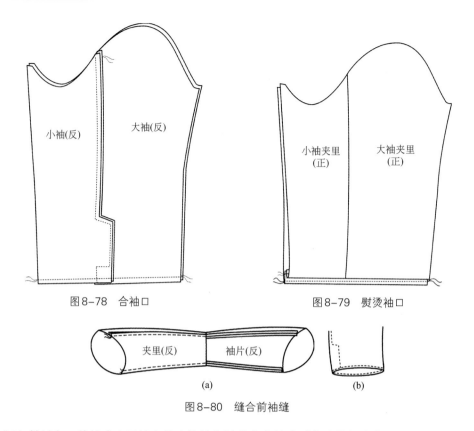

图8-78 合袖口　　　　　　　　　　　　图8-79 熨烫袖口

图8-80 缝合前袖缝

（7）抽袖包　将袖山大于袖窿的吃势均匀地分布在袖山对位点的相应位置。

（8）装袖　将袖山顶点与肩缝对齐，用手针固定后缉缝一圈，然后翻正熨烫，可借助于立体烫模，再沿袖窿缉0.6cm明线，如图8-81所示。

（9）缲肩垫　当前也有很多款式不采用垫肩工艺，勾缉袖夹里缝份0.8cm。

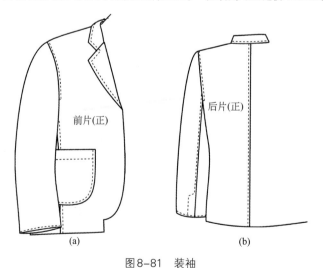

图8-81 装袖

10.勾缉底摆

（1）将面身与里身正面相对，并对齐底边，以1cm止口缝合。缉缝时要对齐面身与里身各对应的线迹，保持止口均匀，头尾回针。

（2）在里身与面身缝合时，底边处剩余10～15cm不缝合，翻正后用手针缲缝。

（3）领口、止口、驳口、底摆等缉缝明线，如图8-82所示。

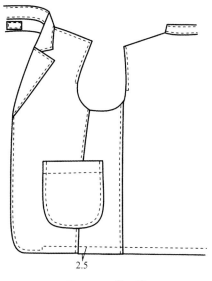

图8-82　缉明线

11. 整烫

以"布馒头"、烫水布等作辅助工具，用熨斗将领子、挂面及门襟等熨烫定型，且领边与门襟熨烫平服，上下均匀，驳口位明显，左右对称。

12. 锁眼、钉扣

先定扣眼位置，再锁圆头扣眼3枚，然后将左右门襟正面叠合，据扣眼位置决定右门襟纽扣的正确位置，钉纽扣并缠扣脚五圈。左右袖衩各钉装饰扣3粒，不必缠扣脚。

款式二：运动西服

一、规格设计

1. 成品与款式图（图8-83）

图8-83　运动男童西服成品与款式图

2.特征概述

H型三开身结构，平驳头单排2粒扣，圆下摆，左胸一个手巾袋，前片左右各一个带袋盖贴袋，袖子为圆装两片袖带袖衩，袖衩钉装饰扣2粒，肩缝、袖窿、止口、袖缝、袖衩、底摆等部位缉明线。一般选用毛呢、条格、棉毛混纺、薄呢等面料，适合春秋季穿用。

3.款式分析

胸围加放量的确定；驳领结构设计；袖山高与袖窿的配合；手巾袋结构设计。

4.制图规格（表8-10）

表8-10 运动男童西服制图规格 单位：cm

部位尺寸 规格	衣长 L	胸围 B	袖长 SL	翻领	领座
110/56	40	72	36	3.5	2
120/60	42	76	38	3.5	2
130/64	44	80	42	3.5	2

二、结构纸样

见图8-84。

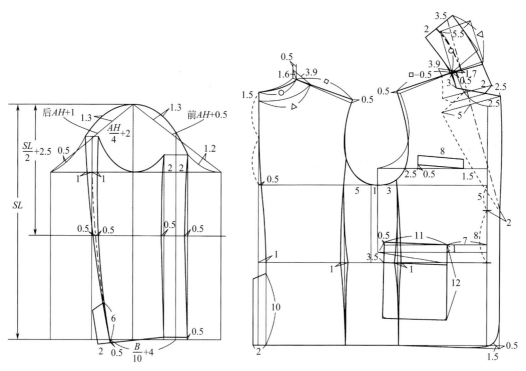

图8-84 运动男童西装结构图

三、纸样分解与放缝

见图8-85。

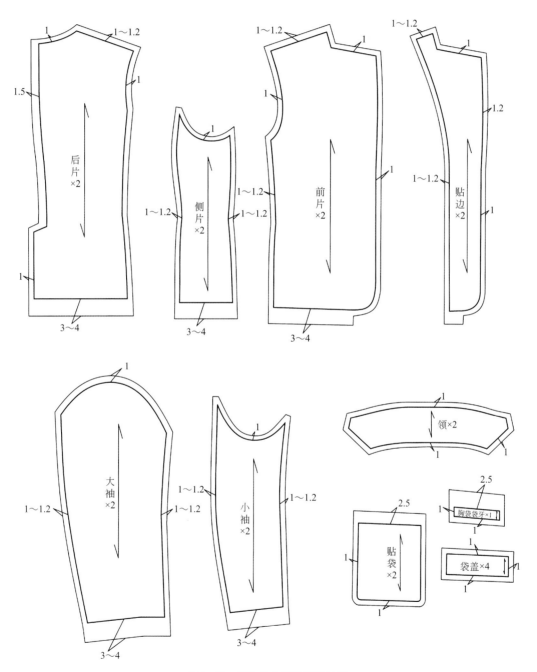

图8-85 运动男童西装纸样放缝

第四节　男童夹克纸样设计与工艺

款式一：中童带帽夹克

一、规格设计

1.成品与款式图（图8-86）

2.特征概述

H型带帽夹克，带过肩，直下摆，袖子为一片式拼接袖，前后拼接式衣身，前片装四个有袋盖贴袋，前中装拉链，口袋装拷纽，装袖头，底摆缉明线。选用牛仔布、卡其布、毛涤混纺、条绒、薄型毛呢等面料。

3.款式分析

帽子的结构设计；胸围加放量的确定；一片袖结构设计；分割比例与口袋位置的设计。

4.制图规格（表8-11）

图8-86　中童带帽夹克成品与款式图

表8-11　中童带帽夹克制图规格　　　　　　　　　　　单位：cm

规格 \ 部位尺寸	衣长 L	胸围 B	袖长 SL
130/64	50	82	46
140/68	54	86	50
150/74	58	92	53

二、纸样设计

见图8-87。

三、纸样分解与放缝

见图8-88。

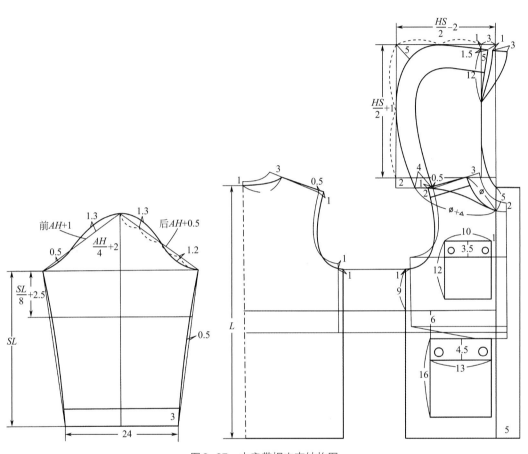

图8-87 中童带帽夹克结构图

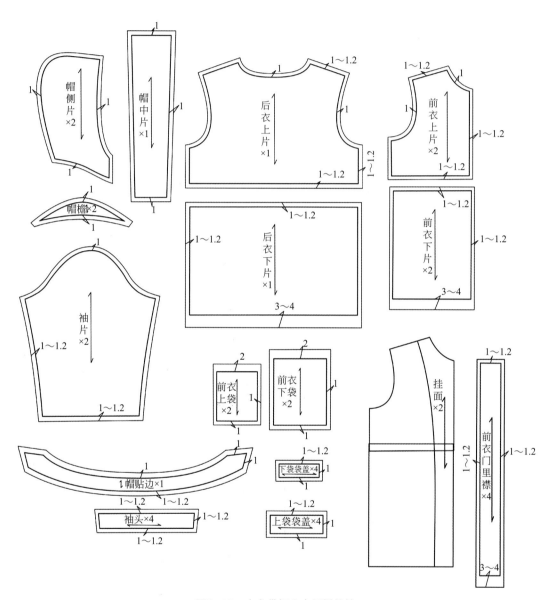

图8-88 中童带帽夹克纸样放缝

四、工艺流程

1.材料准备

面料长度：衣长＋袖长＋10cm，幅宽144cm，面料如有缩水需做前处理。

面料裁片：前片上片2片、下片2片，后片上片1片、下片1片，袖子2片，门襟、里襟各1片，帽子侧片2片，帽子中片1片，贴边1片，帽子前檐2片，克夫4片，前上贴袋2片，袋盖2片，前片下贴袋2片，门里襟2片，挂面2片。

里子裁片：前片2片，后片1片，帽子夹里1片，袖子2片等。

其他：无纺衬、有纺衬、拉链、拷纽、绳扣等。

2.工艺流程

粘衬、打线钉→前片分割缝组合、做贴袋→后片分割缝组合→合绱肩缝→袖子分割缝组合、装袖→合绱侧缝、袖底缝→做里子→做、装袖头→做、装帽→装拉链→做、装门襟、做底摆→整烫。

五、缝制工艺

1.粘衬、打线钉

（1）线钉部位　袋口、纽扣位，装袖对合标记，底摆位置、帽檐位置。

（2）粘衬部位　前中、袋口、底边、袖头、门襟、挂面。

2.前片分割缝组合、做贴袋

（1）合分割缝　前片上片与下片正面相合，前片在上1cm缝份合绱。翻正熨烫，先劈后倒，缝份倒向上层分割缝后，绱0.6cm明线，如图8-89所示。

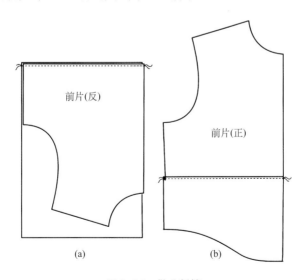

前片(反)

前片(正)

(a)　　　　　　　(b)

图8-89　做分割缝

（2）装上下贴袋　在前片上装贴袋，具体方法可参照男衬衫贴袋。

贴袋的几种做法如下。

第一种：平贴袋（不加里布），如图8-90所示。

① 裁配袋口：将袋口折转完成形状，修剪四周的缝头，折转的两端要加上记号，折转部分粘衬，如图8-90（a）所示。

② 扣烫袋口：采用假缝形式缭缝圆角部分，并用袋口模板进行扣烫，使圆角圆顺，两边相叠对称一致，如图8-90（b）所示。如果袋角为方形，则如图8-90（c）所示。

③ 固定袋口：翻折至表面，将口袋放到袋位处，注意不要拉环变形，用大头针临时固定或者假缝固定，左右袋口高低、进出一致。沿边缉缝0.8cm的缝份固定，如图8-90（d）所示。

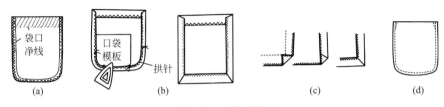

图8-90　平贴袋做法

第二种：暗裥型贴袋，如图8-91所示。

① 袋盖放缝：袋盖的面按净缝线放出1cm的缝份，袋盖里需将上口外的三周剃掉0.2cm，作为里外容，如图8-91（a）所示。

② 缝合袋盖：将袋盖面、里正面相对，按净样缝合，保证袋盖两边对称、整齐，如图8-91（b）所示。

③ 熨烫整理：先修剪缝份，再翻至正面熨烫定型，使袋盖面比里子吐出0.1cm，缉双明线，中间锁眼，如图8-91（c）所示。

④ 做口袋：先做袋布上的对裥，将折裥两端固定，并在裥底折叠处缉线，袋口包缝后扣倒缝份将其固定，如图8-91（d）所示。

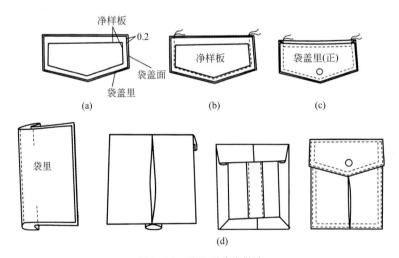

图8-91　暗裥型贴袋做法

第三种：立体型贴袋，如图8-92所示。

① 做贴边：将贴边和袋布缝合，并用熨斗烫平，如图8-92（a）所示。

② 装口袋：在衣片上按照标记位置进行缉缝。

③ 封袋角：在袋口两角封口，并将袋盖固定在袋口上端，如图8-92（b）所示。

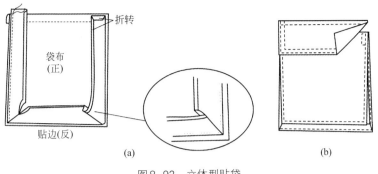

图8-92　立体型贴袋

3.后片分割缝组合

对后衣片上下片进行组合，后中线刀口上下对准，松紧一致，缉合后让缝子向上坐倒，在育克一侧缉0.6cm明线，再将缝份熨烫平服、顺直。

4.合缉肩缝

将前后衣片正面相合，前片在上，边缘对齐，留1cm缝份合缉后让缝份朝后片坐倒，在后片肩缝一侧缉0.6cm明线，然后将缝份烫煞，也可以采用外包缝形式，如图8-93（a）所示。童装中也有不少采取内包缝形式，如图8-93（b）所示。

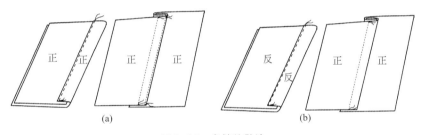

图8-93　肩缝的做法

5.做袖子、装袖子

（1）缝合袖底缝　将前后袖缝正面相合，按1cm缝份合缉至袖衩开口位置，将缝份分缝熨烫平服。

（2）抽拉袖窿斜势　从胸宽始至背宽止，离袖窿边0.6cm缉线，将袖窿前后斜势处略微归拢、抽紧。

（3）装袖　袖子在上，衣身与袖子正面相合，对准装袖位置标记，按1cm缝份合缉，要求缉线圆顺，袖子、袖窿上下平服，再让装袖缝份朝衣身坐倒，在衣身一侧缉压0.6cm明线。

6.合缉侧缝、袖底缝

衣片正面相合，袖底缝、侧缝边缘对齐，十字缝口对准，上下松紧一致，留1cm缝份合缉，再将缝份分开烫煞。

7.做里子

（1）做前身里子　将挂面与前身里子正面相合，面里松紧适宜，0.8cm缝份合缉，再将缝份朝里子坐倒、烫平。

（2）装袖里子　合缉里子肩缝，装袖里，合缉里子侧缝、袖底缝，缝份均为0.7cm，一律向后烫1cm坐缝。

（3）缝合袖里子缝　将袖里子的底缝、衣身侧缝十字缝口对准，上下松紧适度，按缝份好缝烫平。

8.做、装袖头

（1）做袖头　先将袖头与衣身袖口相合，做好对合标记，再按净样扣烫袖头面1cm装合缝份，然后夹缉袖头两端，再翻到正面熨烫平服，袖口里子留装合缝份0.8cm。

（2）装袖头　将袖头里子与衣身袖里正面相合，袖头在上，留0.8cm缝份缉装。注意袖头两端比下层缩进0.1cm，最后将袖子装合缝塞进袖头里间，两端塞足，在袖头正面缉压0.1cm明线，四周缉压0.6cm明线，可参考衬衫克夫制作工艺。

9.做帽、装帽

（1）做帽檐　将帽檐上下层正面相对，缉缝缝份1cm，缝份修剪成0.4cm，翻至正面熨烫，注意面比里吐0.1cm，并在表面缉缝缝份1cm，如图8-94所示。

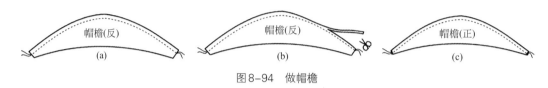

图8-94　做帽檐

（2）拼帽缝　先做帽面，对帽侧与帽中的分割缝进行拼接，注意直线和弧线缝合时要适当推送下层，如图8-95（a）所示。翻正熨烫后缉0.1、0.6cm双明线，如图8-95（b）所示。再做帽里，将帽里与贴边缝合，然后将帽子面里正面相对，缉缝帽子外口，缝时将帽檐加入其中对准标记位置，三层一起固定，如图8-95（c）所示。

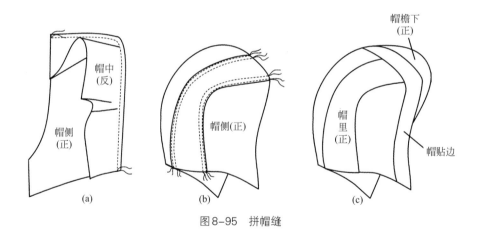

图8-95　拼帽缝

（3）装帽　帽子在上，帽里与衣身领圈正面相合，边缘对齐，起止两端帽子缩进0.15cm，三刀口对准，留0.8cm缝份缉装，将帽里与衣身领圈缉住。然后将领圈塞进帽子面里间，帽子两端塞足塞平，帽面折光边盖过装领线，缉压0.1cm明线，将帽面与领圈缉住。最后，沿领止口三边兜缉0.6cm明线。

10.装拉链

（1）装右侧拉链　右边挂面分两部分。装拉链前，先将衣片前中与拉链相合，并做好横向对合标记。将右边拉链夹进挂面拼缝中间，三层边缘对齐、拉链齿对正搭门中心，从下端开始缉装，压缉0.1cm明止口，如图8-96（a）所示。缉时应注意：上层衣片保持不伸长，中间拉链稍拉紧，下层挂面下摆以8cm段紧、中间松、上端8cm段不松不紧，缝份0.6cm缉线顺直。夹克装拉链，对初学者来说三层一起缉有一定难度，可分步进行，先拉链与挂面合缉，然后与面子缉装。

（2）拼合右挂面与前片　将右边挂面与前片缝合，搭门处开眼刀，并缉止口明线0.3cm，如图8-96（b）所示。

（3）装左侧拉链　左片前片分两部分，将左边拉链夹进前片拼缝中间，拉链齿对正搭门中心，压缉0.1cm明止口，如图8-96（c）所示。然后将左边挂面与前片缝合，搭门处开眼刀，如图8-96（d）所示。

（4）缉门襟止口明线　将挂面翻进，右边门襟离止口压缉3cm的明线，如图8-96（e）所示。

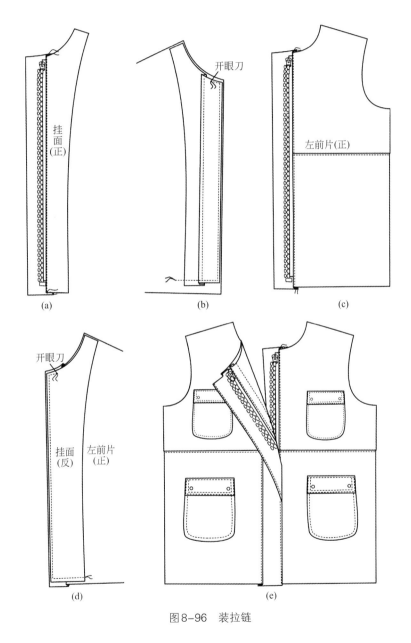

图8-96　装拉链

11.做底摆

兜缉底摆面、里，翻正后压缉1.5cm明线。

12.整烫

成衣后的整烫必须盖布进行。将各部位的线头修去后，先烫里子与缝份，反面熨烫以喷水为主，然后翻到正面盖水布熨烫。夹克衫属于穿着比较随意的服装，所以对整烫的要求并不太高。其顺序是依次先烫门里襟止口、底边、领子，后烫前后衣身和袖子部位。

13.装拷纽

口袋上装拷纽8副，左右袖头各装拷纽1副，拷纽中心离边1.5～2cm。

款式二：休闲夹克

一、规格设计

1.成品与款式图（图8-97）

2.特征概述

直身型休闲夹克，驳领，两粒扣，圆下摆，袖子为两片式圆装袖，袖头装罗纹，前后拼接式衣身，前片装2个大斜插型明贴袋，2个有袋盖贴袋，口袋装扣纽，前片止口、底摆、拼接缝、口袋、领口等处缉明线。适合选用梭织并有厚重质感的面料，如灯芯绒、毛呢等，以及皮革、化纤等面料，适应不同的季节穿用。

图8-97　男童休闲夹克成品与款式图

3.款式分析

口袋的造型设计；胸围加放量的确定；领型的结构设计；衣身分割比例与口袋位置的设计。

4.制图规格（表8-12）

表8-12　男童休闲夹克制图规格　　　　　　　　　　　　单位：cm

规格 \ 部位尺寸	衣长 L	胸围 W	袖长 SL	翻领宽	领座宽
120/60	46	78	40	4	2.5
130/64	49	82	44	4	2.5
140/68	52	86	48	4	2.5

二、结构纸样

见图8-98。

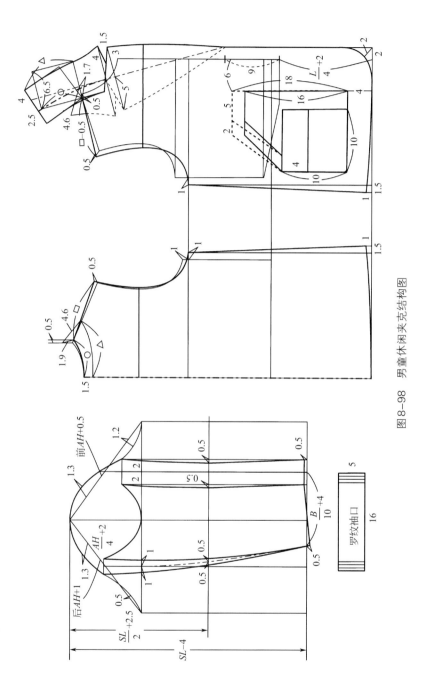

图 8-98　男童休闲夹克结构图

三、纸样分解与放缝

见图8-99。

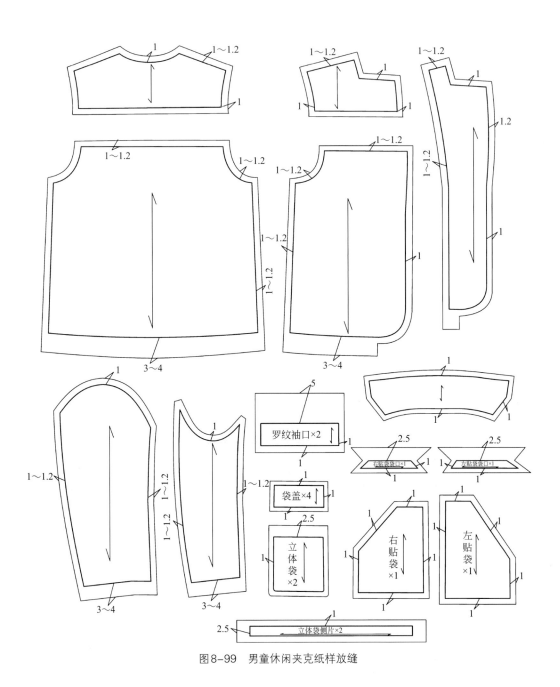

图8-99 男童休闲夹克纸样放缝

款式三：绗缝骑手夹克

一、规格设计

1.成品与款式图（图8-100）

图8-100　绗缝骑手夹克成品与款式图

2.特征概述

直身型绗缝夹克，方领，一片袖，装袖头，前后拼接式衣身，前片装两个有袋盖贴袋，前中装拉链，衣身、袖片上绗缝工艺，下摆收紧，夹里可单可棉，底摆、领口、肩缝等处缉明线。选用梭织面料，并有厚重质感的面料如灯芯绒、毛呢等，以及涂层、化纤、聚酯纤维等面料。可以采用适当的拼接，适合春秋季节穿用。

3.款式分析

翻领结构设计；胸围加放量的确定；袖子结构变化；下摆结构设计。

4.制图规格（表8-13）

表8-13　绗缝骑手夹克制图规格　　　　　　　　　　　　　　　单位：cm

部位尺寸 规格	衣长 L	胸围 W	袖长 SL	翻领宽	领座宽
110/56	42	78	37	4	2.5
120/60	44	82	40	4	2.5
130/64	46	86	44	4	2.5

二、结构纸样

见图8-101。

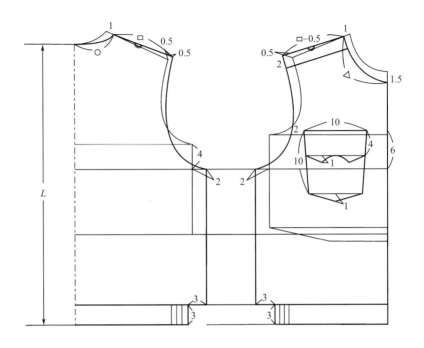

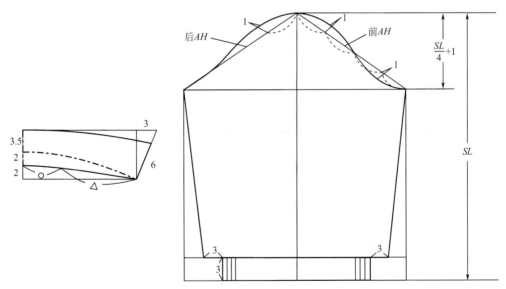

图8-101 绗缝骑手夹克结构图

三、纸样分解与放缝

见图8-102。

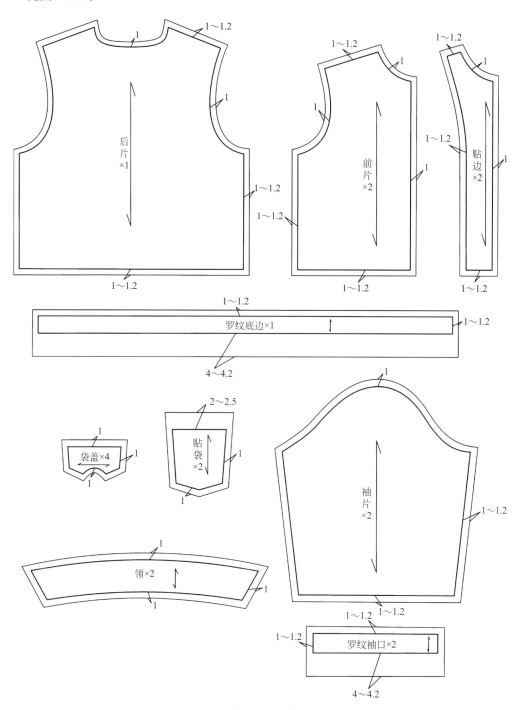

图8-102　绗缝骑手夹克纸样放缝

款式四：运动立领夹克

一、规格设计

1.成品与款式图（图8-103）

图8-103 男童运动立领夹克成品与款式图

2.特征概述

飞行员立领夹克，两片袖，下摆、领子、袖头均为罗纹，前身带过肩，前片装两单嵌线斜插袋，前中装门里襟，上拉链，衣夹里可单可棉，底摆、领口、门里襟、肩缝等处缉明线。一般选用混纺面料，如涂层、聚酯纤维等，可以进行适当的拼接，适合春秋季节穿用。

3.款式分析

罗纹立领结构设计；胸围加放量与造型风格的关系；袖子的结构变化；下摆结构设计。

4.制图规格（表8-14）

表8-14 男童运动立领夹克制图规格 单位：cm

部位尺寸 规格	衣长 L	胸围 W	袖长 SL
130/56	43	82	44
140/60	46	86	48
150/64	51	92	51

二、结构纸样

见图8-104。

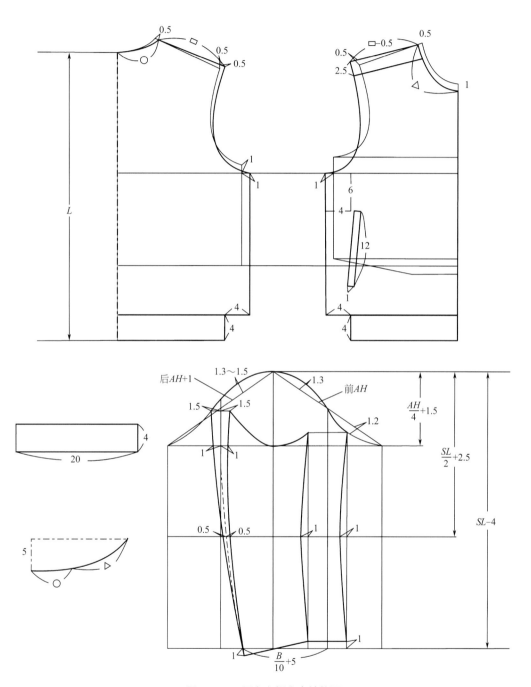

图8-104　男童立领夹克结构图

三、纸样分解与放缝

见图8-105。

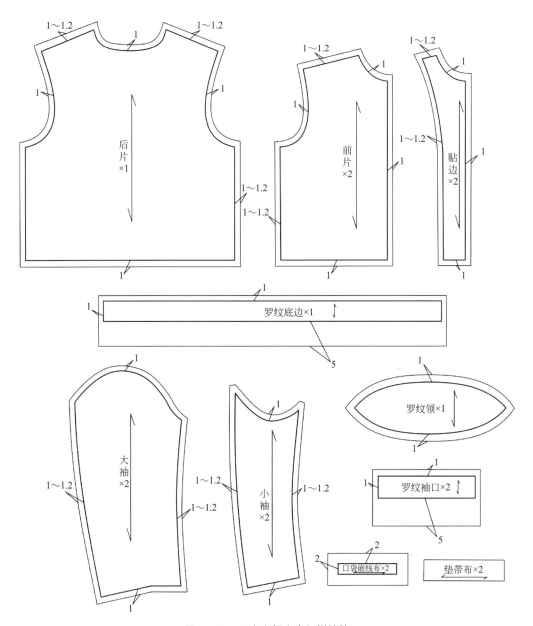

图8-105　男童立领夹克纸样放缝

第五节　男童大衣纸样设计与工艺

款式一：直身型暗门襟大衣

一、规格设计

1.成品与款式图（图8-106）

2.特征概述

H型四开身大衣，方领，前片左右各1个带袋盖双嵌线挖袋，1个双嵌线装饰袋，暗门襟装5粒扣（可做成明门襟），一片式圆装袖。选用粗纺毛呢、线圈织物、精纺毛呢、条格毛呢等面料。

图8-106　男童直身型暗门襟大衣成品与款式图

3.款式分析

胸围加放量的确定；翻领结构设计；袖山高与袖窿的配合；暗门襟的结构设计。

4.制图规格（表8-15）

表8-15　男童直身型暗门襟大衣制图规格　　单位：cm

规格 \ 部位尺寸	衣长 L	胸围 B	袖长 SL	翻领	底领
100/54	53	70	32	4	2
110/56	56	72	36	4	2
120/60	60	76	39	4	2

二、结构纸样

见图8-107。

三、纸样分解与放缝

见图8-108。

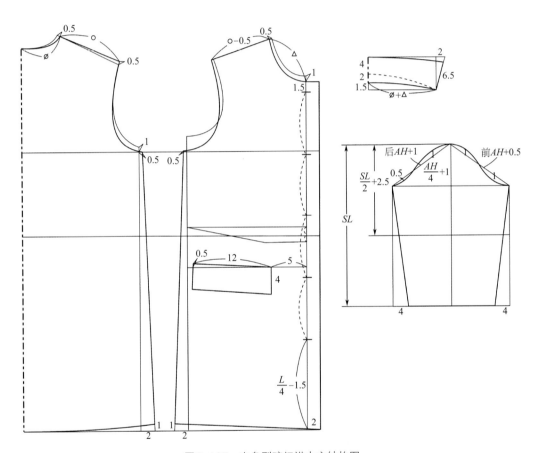

图8-107 直身型暗门襟大衣结构图

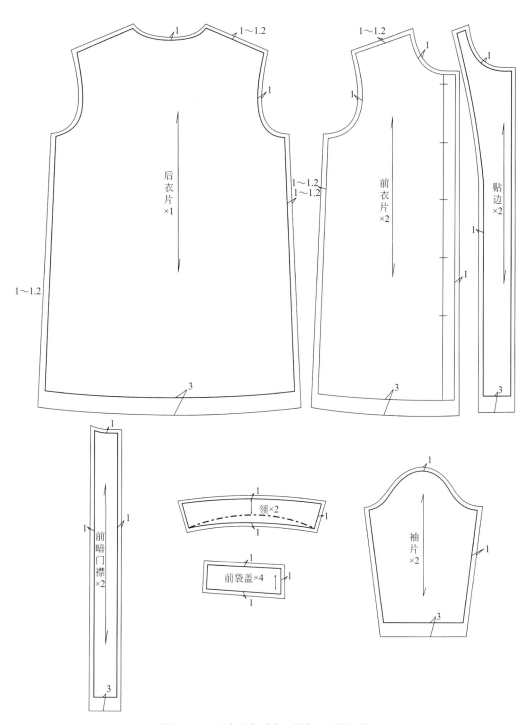

图8-108 男童直身型暗门襟大衣纸样放缝

四、缝制工艺

（一）缝制准备

1. 材料准备

面料长度：衣长+15cm，幅宽144cm。

面料裁片：前片2片、后片1片、袖片2片、领片2片、挂面2片，前袋垫袋布、袋盖布、门襟贴边各2片，均为经纱下料。

其他：夹里、前袋上下层袋布、纽扣、有纺衬、无纺衬、牵带等。

2. 工艺流程

粘衬→打线钉→做挖袋→画挂面止口→做暗门襟→拼接挂面、里子→合肩缝、侧缝→做袖→装袖→做领→装领→合底摆→钉扣→整烫。

（二）缝制工艺

1. 粘衬、打线钉

（1）粘衬部位　前中、袋口、底摆、袖口、领子、门襟、挂面等。

（2）线钉位置　袋位、扣位、门襟位、前后对合标记、装袖对合标记、领口对位点、腰节线、底摆线、袖口折边线等。

2. 做挖袋（可参考男童裤挖袋工艺）

（1）做口袋袋盖　将袋盖衬与嵌条衬均匀摆放在裁片反面用熨斗进行压烫，使之平服，不易松脱。在绱袋盖时，先用样板在袋盖面的反面画好正确的形状与大小，然后袋盖里在下袋盖面在上并对齐，沿着袋盖实线绱缝，头尾回针。绱缝时，要拉紧下层袋盖里，给袋盖面留有一定的放松量，以保证袋盖不外翘。最后修剔止口，翻烫袋盖，使之保持平服状态。

（2）在袋布上绱袋贴边　将袋贴边与小袋正面相对，在驳口处以1cm止口缝合，然后翻起袋贴，在小袋布驳口边绱一行明边线，头尾回针。

（3）绱袋嵌线　将袋条与前衣片正面相对，对齐袋口线，用0.3cm的止口，绱袋口线。绱缝时，头尾回针，上下缝线要平行，间距为0.8cm。

（4）剪袋口、翻烫袋嵌线　在上下袋口线中间，将袋口剪开，两端剪三角位。然后将止口劈烫，并熨烫袋嵌线，使之均匀、服帖。袋嵌线宽度为0.4cm，且上下宽窄平均。

（5）缝袋嵌线止口　先将大袋布与嵌条下线正面相对绱缝，然后用暗线将嵌条下线止口固定。再将袋盖插入袋口，对好袋盖的位置，小袋布垫底，用暗线将嵌条上线止口及两边三角位固定。操作时，要控制好上下嵌线宽窄的均匀度以及袋盖尺寸。

（6）封袋布底边　将底边掀起，按1cm止口缝合袋布。绱缝时，止口要均匀，头尾回针倒牢。

3. 画挂面止口

（1）压烫挂面衬　将挂面反面朝上放在工作台上，然后将黏合衬铺在挂面的正确位置，用黏合机或熨斗将衬粘实。

（2）画挂面止口　用挂面样板将门襟止口、翻领与驳口位等位置标明，确保门襟的圆顺形状以及正确的翻领位置。

4. 做暗门襟（款式图为明门襟工艺）

（1）裁配门襟贴边　暗门襟贴边的位置是从离开第二个扣位向上4cm至最下扣位下4cm，如图8-109（a）所示。用于右前衣片，准备2片，为减轻厚度通常选用里料，为使门襟挺括，可将衣片、挂面及两层贴边的反面粘上薄型有纺衬或无纺衬，如图8-109（b）所示。

（2）装贴边　按照标记位置将门襟贴边接缝于挂面和衣片，再倒缝压缉0.1cm的明线，使外观平整，如图8-109（c）所示。

（3）缝合衣身与挂面　将挂面的缝份按标记位置开0.8cm的剪口，然后与衣片正面相对，贴边倒向同一侧，按标记位置缝合上下门襟贴边不开口的部分，如图8-109（d）所示。

（4）开纽孔　分开缝合缝头，如图8-109（e）所示，缉明线固定开口，在贴边上相应位置开纽孔。

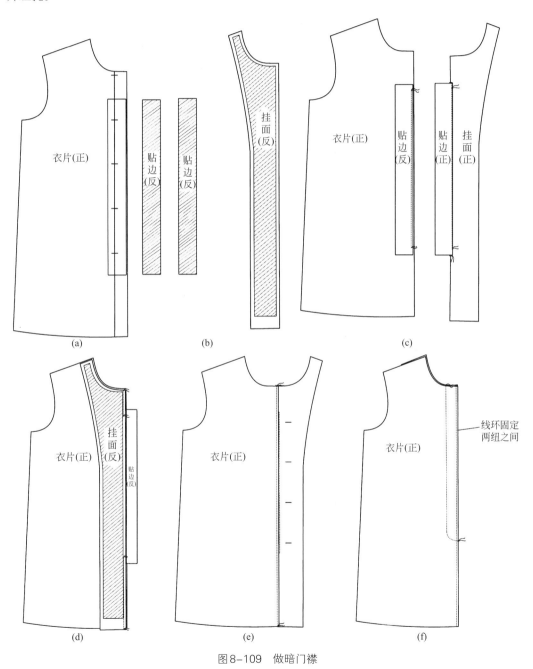

图8-109　做暗门襟

（5）缉明线　整理贴边，使贴边不反吐，并在正面明缉止口明线，如图8-109（f）所示，并注意相邻两个纽孔之间用线环固定。

5.拼接挂面、里子

（1）在前里身上缉挂面　将挂面与前身里正面相对，以1cm止口缉缝时，要对齐剪口位，头尾回针，止口均匀。

（2）熨烫前里身　用熨斗将前里身半成品的线迹熨烫平服。熨烫时，将止口烫倒为一边。不需要劈烫，以增强线迹的受力程度并满足翻里的外观效果。

6.合过面

将前片夹里与过面缝合，下端缝至距底摆净线2cm处停止。熨烫时上部分缝份都倒向夹里，距缉线止点2cm处以下劈缝熨烫，如图8-110所示。

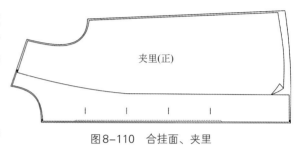

图8-110　合挂面、夹里

7.合肩缝、侧缝

（1）合肩缝　将前后肩位正面相对，以1cm止口缉缝。缝合时，止口要保持均匀，头尾回针。

（2）合侧缝　将前后身侧缝正面相对，以1cm止口缉缝。缝合时，止口要保持均匀，头尾回针。

（3）装肩垫　首先分清肩垫的正反面，位置通常是前肩长、后肩短，一般是肩垫的1/2处前移1cm，其余部分为后肩位置。制作时，先用手针将肩垫固定，也可将平缝机底线和面线张力同时调松，进行缉缝固定。

8.做袖

（1）面身袖缝制　大衣袖一般为两片袖，也有一片袖，缝制时注意袖口粘衬。

① 压烫袖口衬：将袖片反面朝上，使袖口衬置于袖口折边位置，用熨斗粘实即可，如图8-111（a）所示。

② 缉缝袖缝：将大小袖正面相对，以1cm缝份缉缝到底边。缉缝时，要对齐剪口位，使大袖缩缝0.8cm以增加后袖的容量，如图8-111（b）所示。

③ 劈烫袖缝：操作时，要一边归拔一边劈烫，袖子才能产生较强的立体感且外形美观，符合人的手臂弯曲度。

④ 容袖头：有条件可利用容袖头机，以0.5cm止口，将袖头缩容，使袖山大小与袖窿大小相等，且左右袖头要对称。

（2）熨烫面身袖　用袖烫板和熨斗劈烫袖缝，且在袖头处喷少量蒸汽，使容位分配均匀，保持袖头的圆顺。熨烫时，要使整个袖子平服。

（3）里身袖缝制

① 缉里身袖缝：将里身袖前后袖缝正面相对，以1cm缝份缉缝。缝时要对齐相应的标记位置，保持止口均匀，首尾倒针回牢。

② 熨烫里身袖：将里身袖前后袖缝烫倒一边。熨烫时，可采用袖烫板作辅助，使袖臂更加平服。

③ 容里身袖头：利用容袖头机，以0.5cm止口，将里身袖头缩容，且左右对称，止口均匀。

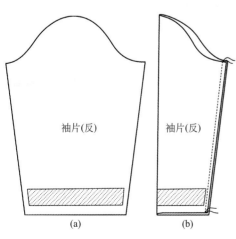

（a）　　　　　（b）

图8-111　合袖缝

（4）合袖口缝　将面身袖与里身袖正面相对，对齐袖口位，以1cm止口缝合。缉缝时，要对齐面身袖与里身袖的前后袖缝，且保持止口均匀，将袖里子留有一定的坐势，保证穿着过程的舒适，如图8-112所示。

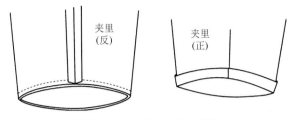

图8-112　合袖面里袖口缝份

（5）熨烫袖子　利用袖烫板，将袖口里身1cm容位熨烫定型，使整个袖子平服。

（6）中检　在绱袖之前，要检测袖山大小与袖窿大小是否相等，左右袖是否对称，以及袖衩位置的高低等。

9.装袖

（1）绱面身袖　先将里身与面身反面相对，捋平袖窿位置，且对齐止口与相应的剪口位，以0.5cm止口绱缝袖窿，达到固定袖窿止口的作用，这样可以便于绱袖的操作。对齐剪口位，袖位前后准确，袖头容位均匀，前后圆顺，左右一致，以1cm止口绱缝。

（2）缉弹袖　为了使袖头更加圆顺、丰满，可将弹袖垫于面身袖的袖头反面，重合线迹缉缝。

（3）熨烫袖头　熨烫袖头时，用蒸汽使袖头充分定型后，用手将袖头捋圆顺。

（4）中检　主要检查左右袖是否对称，整体效果如何，袖弯势是否偏前或偏后，袖头是否圆顺、饱满。

（5）缲缝里身袖窿　从袖窿底位开始，将袖山1cm止口向反面翻入，盖住袖窿线迹，一边用手针缲缝，一边翻入袖山止口，直至完成整个袖窿的缲缝。操作时，要对齐剪口位，以避免出现扭袖现象。

10.做领

（1）裁配领面、领里、领衬　领面先粘衬按领子净样四周放缝0.8cm，选薄型有纺衬为宜。用熨斗粘衬时，应从中间向两边烫，以烫出窝势，如图8-113（a）所示。领里中心线处可以拼接，领里四周比领面小0.3cm，领面、领里、领衬的丝绺相同，如图8-113（b）所示。

（2）拼接领里　将拼缝分开烫平，领衬去角，粘烫在领面反面。

（3）兜缉领外口　领面、里正面相合，边缘对齐，留缝份0.8cm，沿领外口三边兜缉。缉缝时在领角两侧应吊紧领里、归缩领面，以便使做好的领角有窝势，并做好领子的对位标记。

（4）翻烫领子　将外口合缉后的领子缝份修狭，沿缝份修剪至0.5cm，缉线把缝份朝粘

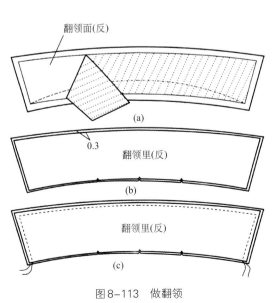

图8-113　做翻领

衬一侧烫倒。领角要折转捏住翻出，并用锥子将领里翻足，按领里坐进0.1cm烫服领止口，并在领子下口做好肩缝及后中心线对刀口标记，如图8-113（c）所示。

（5）缉领面明线　在领面上明缉止口明线0.6cm。

11.装领

（1）将挂面翻转，沿止口折痕与衣片正面相合，领面对挂面、领里对衣片，将领子夹入其间，前端对准装领眼刀，缝份对齐，从止口开始缉至离挂面1cm止，两端回针打牢。以同样方法将领子另一端装上，如图8-114所示。

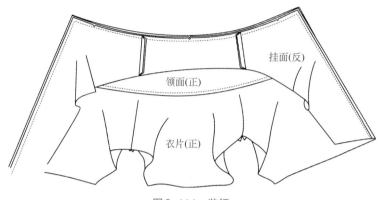

图8-114　装领

（2）将领面掀开，顺着挂面内侧装领缉线，将领里和大身领圈缉合。

（3）在挂面里口离边1cm处的装领缝份上打刀口，注意不能剪断装领线。再将挂面翻正，挂面、领圈及领里毛缝均塞入领子内部，领下口折转0.8cm，盖过装领线。从刀口处起针，缉压0.6cm明止口，把领面装上。缉压领面应注意拉紧领里，用镊子推送领面，防止领面出现坡势，并注意各处标记对同，以保领面翻折后有适当层势，领面平服，两边对称，如图8-115所示。

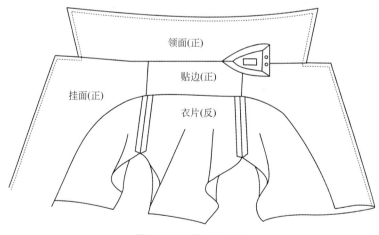

图8-115　缉压明止口

12.合底摆

（1）缉翻门里襟挂面下口　先将衣片下摆修顺，门襟、里襟等长；再将挂面下口反面翻出，挂面与大身正面相合，下口缝份对齐，留1.5cm缝份，将挂面下口与大身缉合。然后将挂面翻正，下端止口驳挺，挂面坐进0.1cm，烫好门里襟挂面下口。

（2）缝缉下摆贴边、夹里贴边　顺着做好的挂面下口，留1.5cm缝份将衣身的下摆贴边扣烫顺直，并将贴边毛缝锁边，注意锁边应从挂面下口缝份开始。然后沿锁边线内侧下摆贴边，正面下摆明线宽度1cm，应注意缉线顺直，明线宽窄一致。

13. 钉扣

先将左右门襟正面叠合，据扣眼位置决定右门襟纽扣的正确位置，然后钉扣并缠扣脚五圈。缠脚线的高低位根据布料厚度来决定，其目的是使纽扣扣入后，扣眼底处于平服状态，不起皱。此外，左右袖衩位各钉装饰扣三粒，不必缠扣脚。

14. 整烫

利用蒸汽床与人像熨烫机，熨烫缝制完毕的大衣，使大衣完成立体造型，并使领子窝服、挺拔；袖口前后圆顺，胸部饱满圆滑，腰部、背部合体；止口平薄、顺直，外观整洁，左右对称。

款式二：通勤大衣

一、规格设计

1. 成品与款式图（图8-116）

2. 特征概述

休闲型大衣，前片装2个有袋盖的贴袋，平驳领，单排3粒扣，两片式圆装袖，袖口折边、衣身止口、领口、底摆、口袋装饰大量的明线。选用粗纺、精纺毛呢面料以及羊绒面料等。

3. 款式分析

胸围加放量的确定；驳领结构设计；袖山高与袖窿的配合；两片袖结构设计。

4. 制图规格（表8-16）

图8-116　通勤大衣成品与款式图

表8-16　通勤大衣成品制图规格　　　　　　　　　单位：cm

部位尺寸 规格	衣长 L	胸围 B	袖长 SL	翻领宽	领座宽
110/56	56	76	37	3.5	2
120/60	60	80	40	3.5	2
130/64	64	84	44	3.5	2

二、结构纸样

见图8-117。

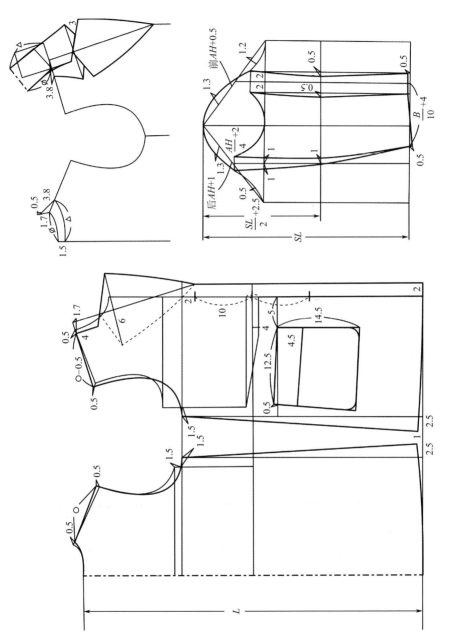

图8-117　通勤大衣结构图

三、纸样分解与放缝

见图8-118。

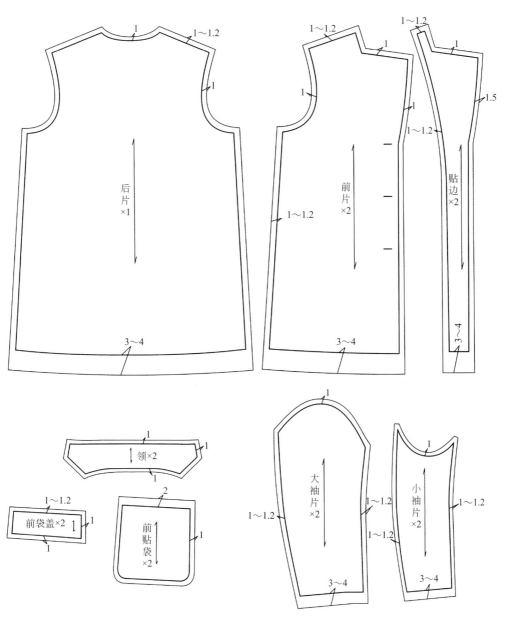

图8-118　通勤大衣纸样放缝

款式三：粗呢大衣

一、规格设计

1. 成品与款式图（图8-119）

图8-119　男童粗呢大衣成品与款式图

2. 特征概述

韩式休闲型大衣，前片装2个有袋盖的贴袋，翻领，可拆卸帽子，单排4粒扣，用牛角扣或皮带连接，领上口左右相扣，前片有覆肩，圆装袖，袖口装饰袖襻，衣身止口、底摆、覆肩等部位大量装饰明线。选用粗纺、精纺毛呢面料以及羊绒面料等，保暖性能好。

3. 款式分析

覆肩结构设计；翻领松量的确定；帽领的结构设计；袖窿与袖山的配合。

4. 制图规格（表8-17）

表8-17　男童粗呢大衣制图规格　　　　　　　　　　　　单位：cm

规格 \ 部位尺寸	衣长 L	胸围 B	袖长 SL	头围
110/56	60	76	37	51
120/60	64	80	40	51
130/64	68	84	44	52

二、结构纸样

见图8-120。

三、纸样分解与放缝

见图8-121。

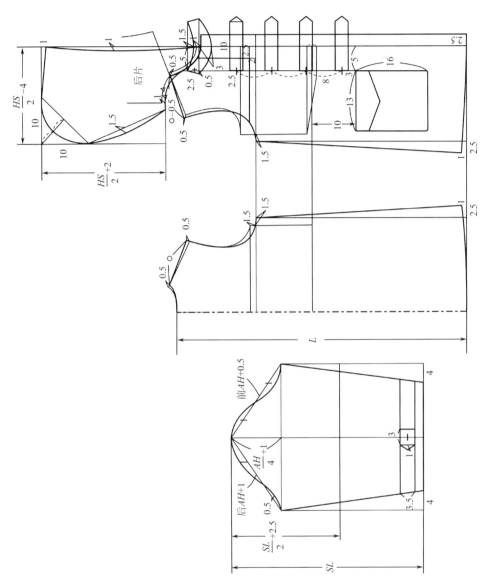

图8-120　男童粗呢大衣结构图

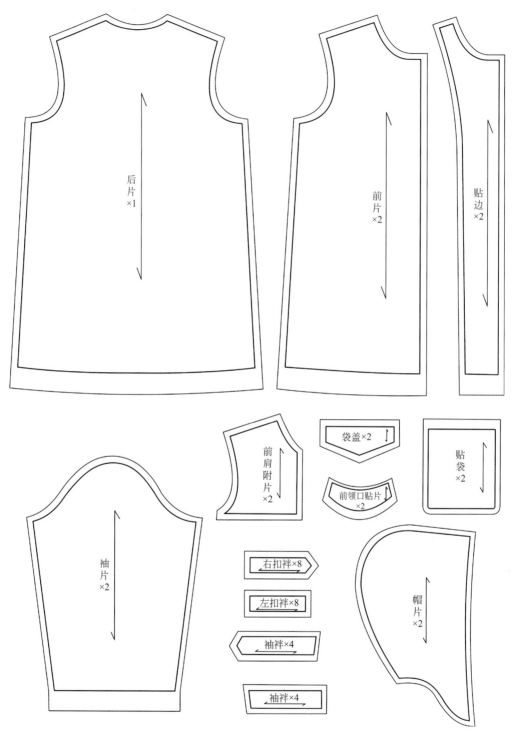

后片
×1

前片
×2

贴边
×2

前肩附片
×2

袋盖×2

贴袋
×2

前领口贴片
×2

袖片
×2

右扣襻×8

左扣襻×8

袖襻×4

袖襻×4

帽片
×2

图8-121　男童粗呢大衣纸样放缝

[1] 柴丽芳.童装结构设计.北京：中国纺织出版社，2012.

[2] 申鸿.图解童装纸样设计.北京：化学工业出版社，2010.

[3] 马芳.童装结构设计与制版.北京：中国纺织出版社，2014.

[4] 徐军、王晓云.实用服装裁剪制版与成衣制作实例系列：童装篇.北京：化学工业出版社，
    2014.

[5] 杨旭、常元.服装缝制工艺.沈阳：辽宁科学技术出版社，2009.